「かぐや」の眼が見た月

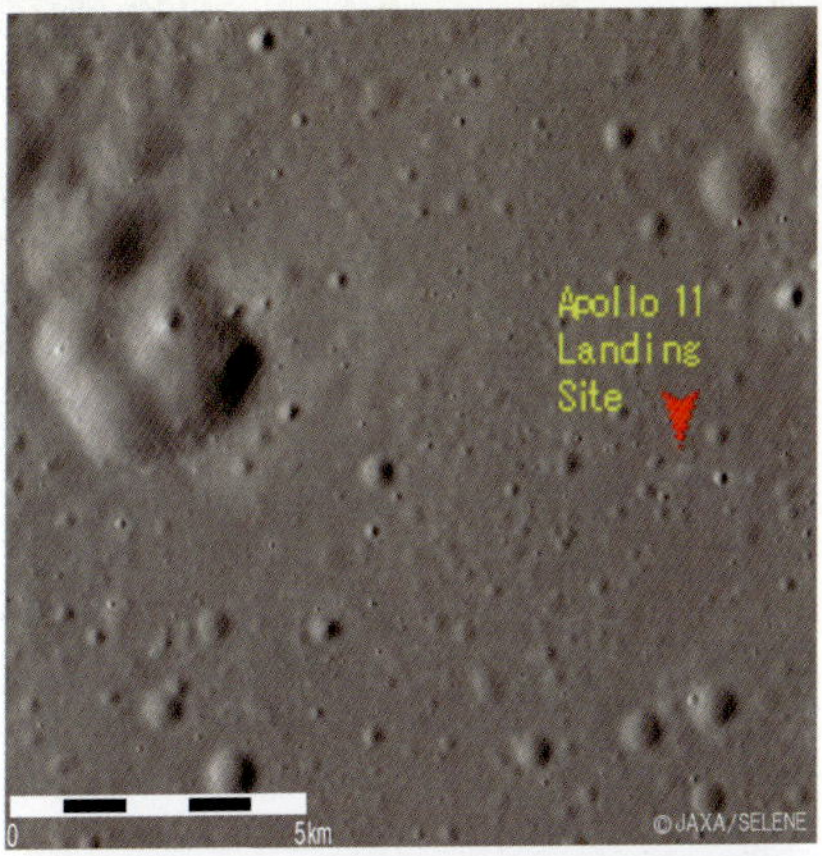

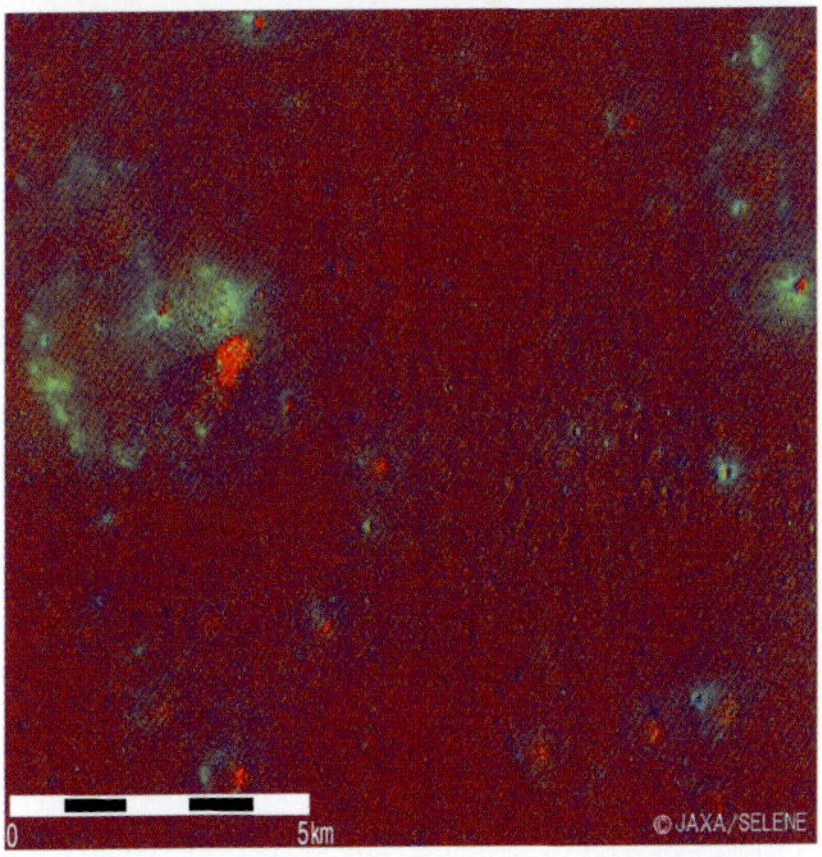

マルチバンドイメージャ（MI）により観測された、人類初の月着陸地点アポロ11号サイト（静かの海周辺）の画像。上が単バンド画像、下の画像が3種類の比演算画像を組み合わせたもの。赤い部分が宇宙風化の進んだ部分。青〜緑部分が隕石の衝突によって表面がはぎ取られ、風化度の少ない新鮮な土壌が露出している部分。（提供：JAXA/SELENE）

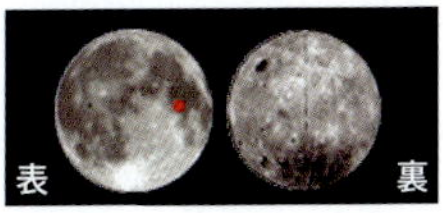

赤い点が観測地点を示す。左が表側、右が裏側。

裏側

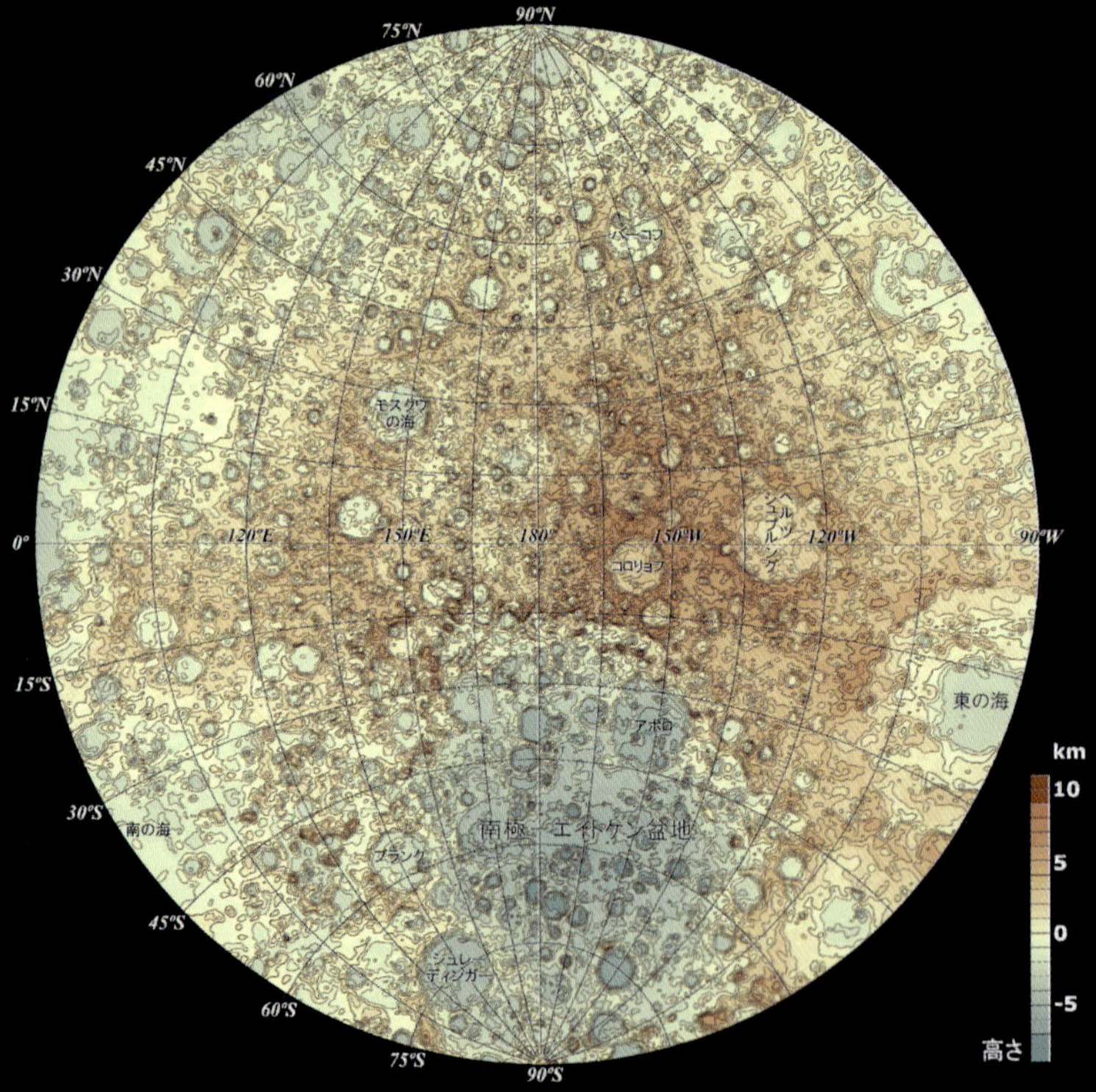

本データは観測をはじめてから初期１か月のものであり、今後計測点が増え解像度がさらに向上してゆく。（提供：JAXA/SELENE、国立天文台、国土交通省国土地理院）

表側

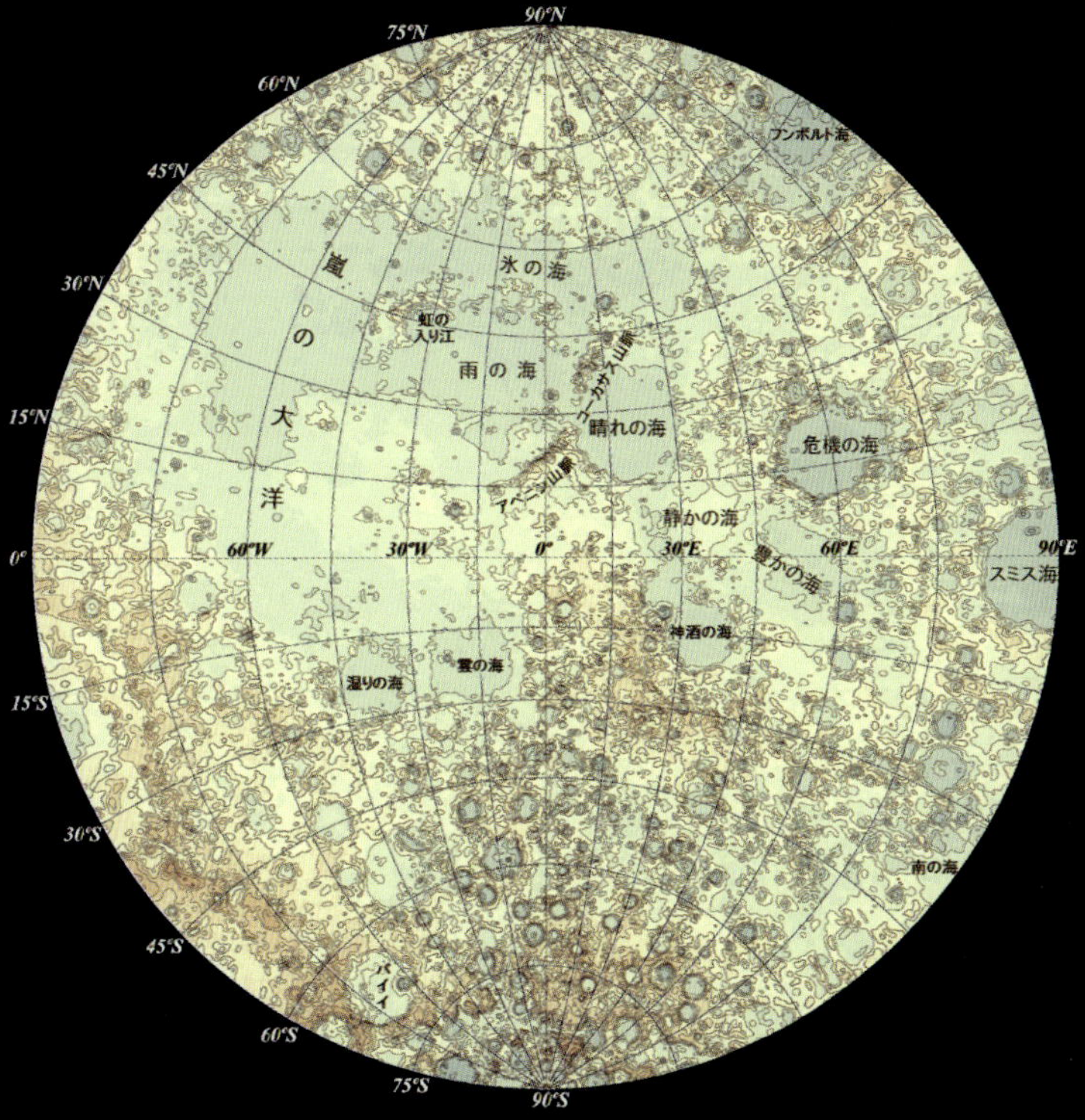

レーザ高度計（LALT）が取得したデータをもとに作成された月面の地形図。茶色のところほど標高が高く、青いところほど低い。裏側の南極から赤道にかけていちじるしく低いところが、南極—エイトケン盆地である。

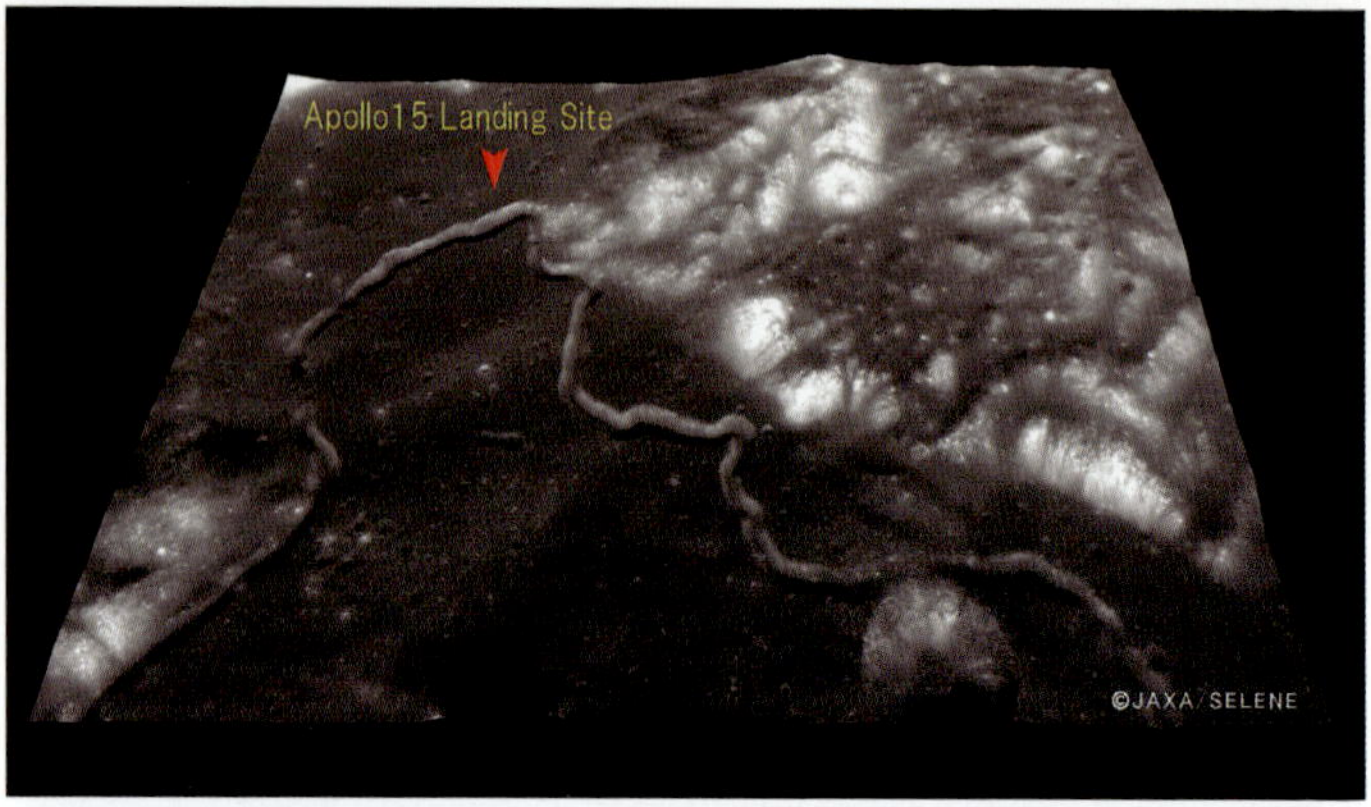
Apollo15 Landing Site
©JAXA/SELENE

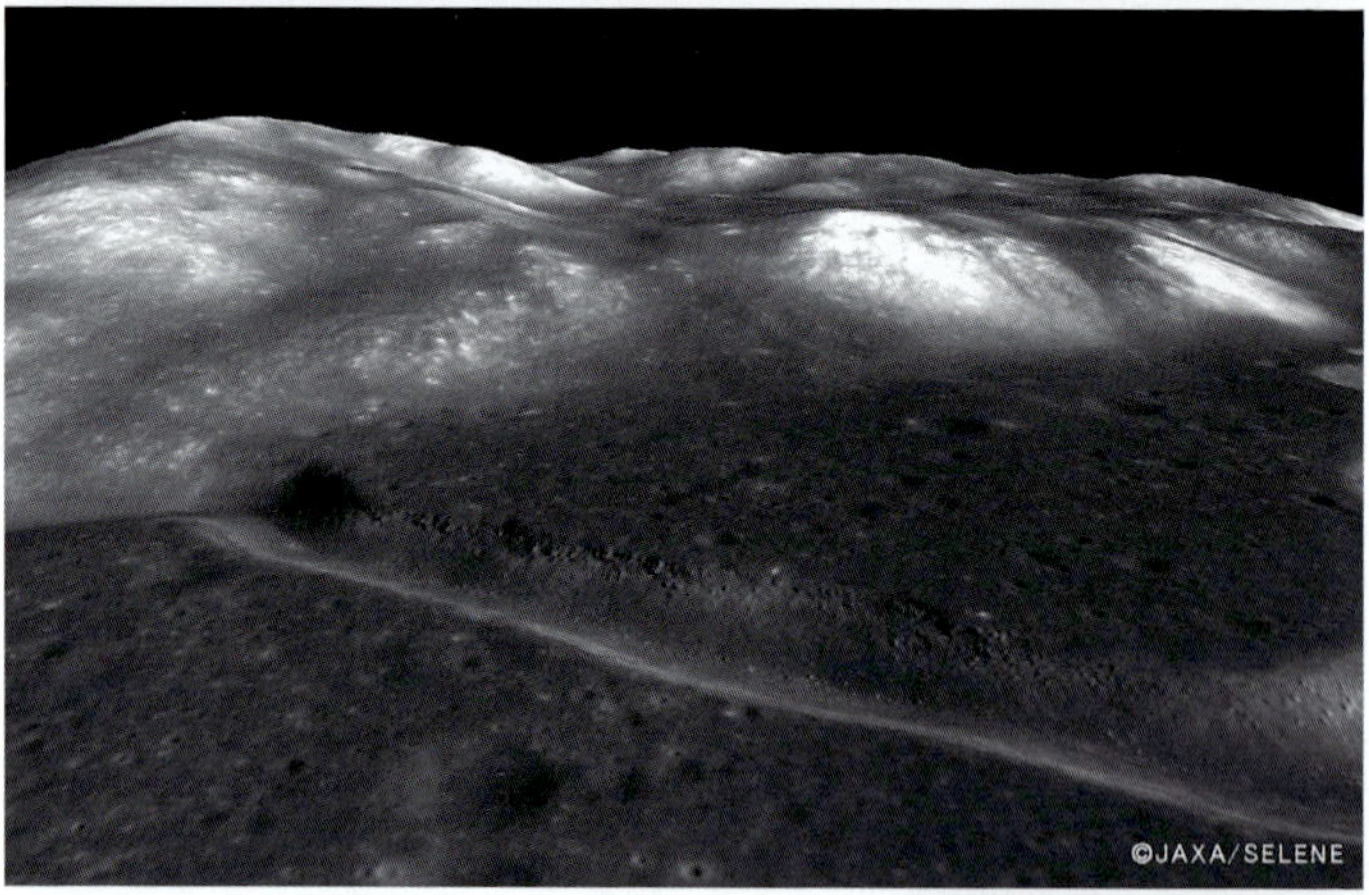
©JAXA/SELENE

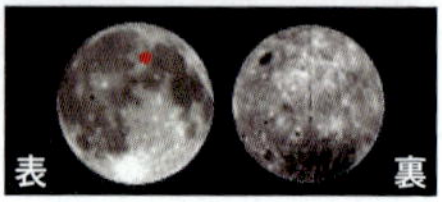
表
裏

右ページ：上は地形カメラ(TC)が高度 100 km から捉えたハドレー谷立体視画像。西から東方向を見ている。37 年前にアポロ 15 号が着陸した地点である。スコット宇宙飛行士らはここで「ジェネシスロック」を採集した。下は北西から南東を望むように作成した立体視画像。ハドレー谷の上部に熔岩が見える。地形カメラは、可視光域波長帯で「かぐや」の真下に対してやや斜め前方・後方を撮影する 2 台のカメラ。高い分解能による月全球の立体視観測を行なう。表面地形の詳細な調査によって、月面のさまざまな地域がいつできたのかを、推測する重要なデータを提供してくれる。(提供：JAXA / SELENE)

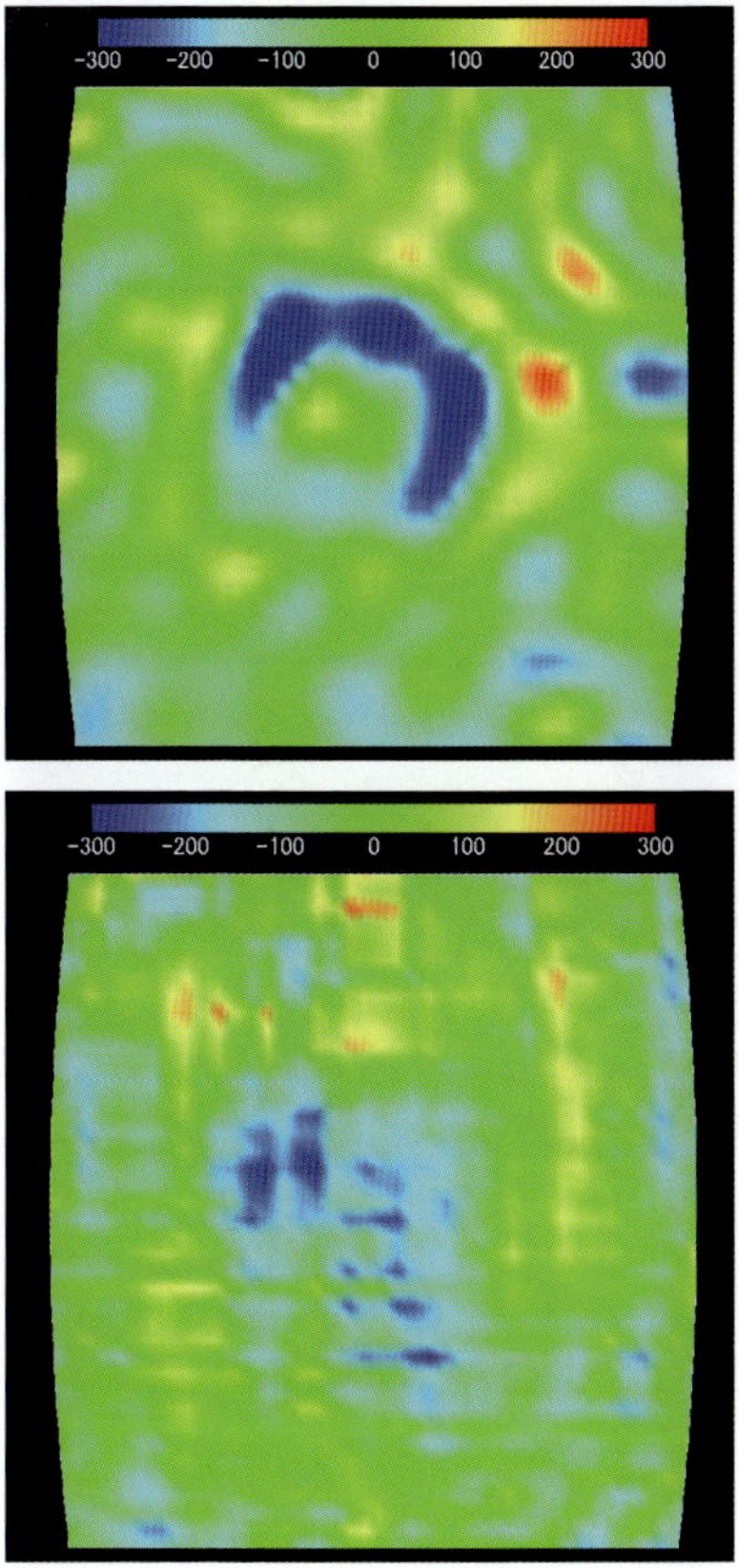

「おきな」に搭載のリレー衛星中継器 (RSAT) と「かぐや 」で計測されたデータをもとに作成された月の裏側(アポロ盆地。南緯 36.1 度、西経 151.8 度)の重力異常図(単位はミリガル。地球の重力は約 981 ミリガルである)。
上が今回、「かぐや」で得られたもので、はじめて裏側の重力場を詳細に調べられるようになった。下が従来の月重力場モデル。従来のモデルでは見えなかった負の重力異常がドーナツ状に存在している様子が明らかとなった。(提供：JAXA / SELENE)

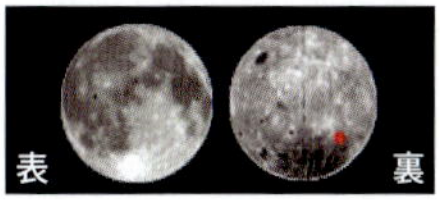

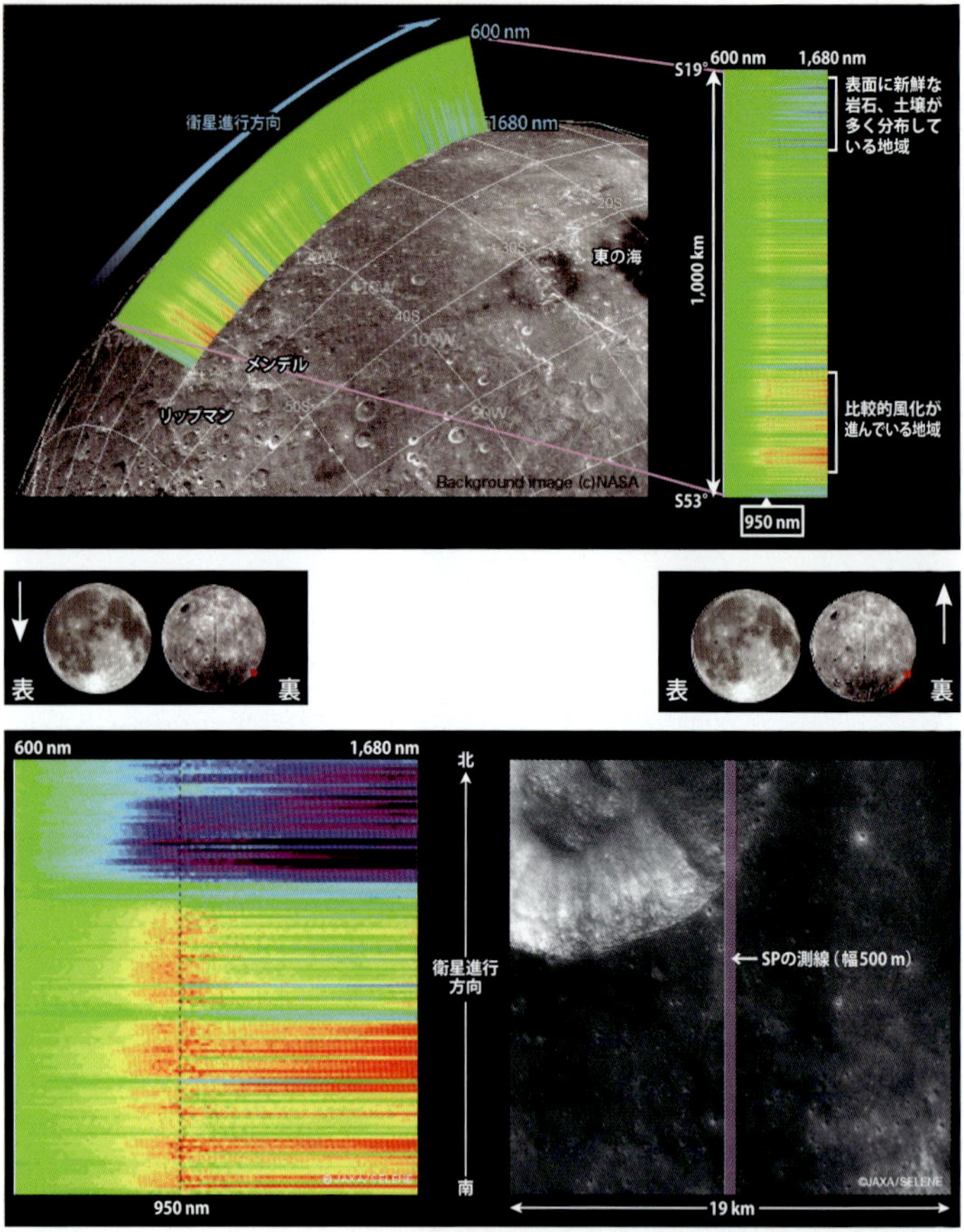

月面からの可視近赤外線域連続反射スペクトルを計測するスペクトルプロファイラ（SP）データを可視化した画像。月面上の１つの観測点における波長600〜1680 nmのスペクトルプロファイラのデータが扇型のグラフの縦１本分に相当する。950 nm付近（グラフ中央部に相当）の緑〜黄の変化は鉄を含む鉱物の存在を示唆している。

下は、クレーター周辺のスペクトルプロファイラデータと、同時に撮影されたマルチバンドイメージャ画像。斜面などは宇宙風化の進んでいない新鮮な土壌が露出していることがわかる。（提供：JAXA/SELENE）

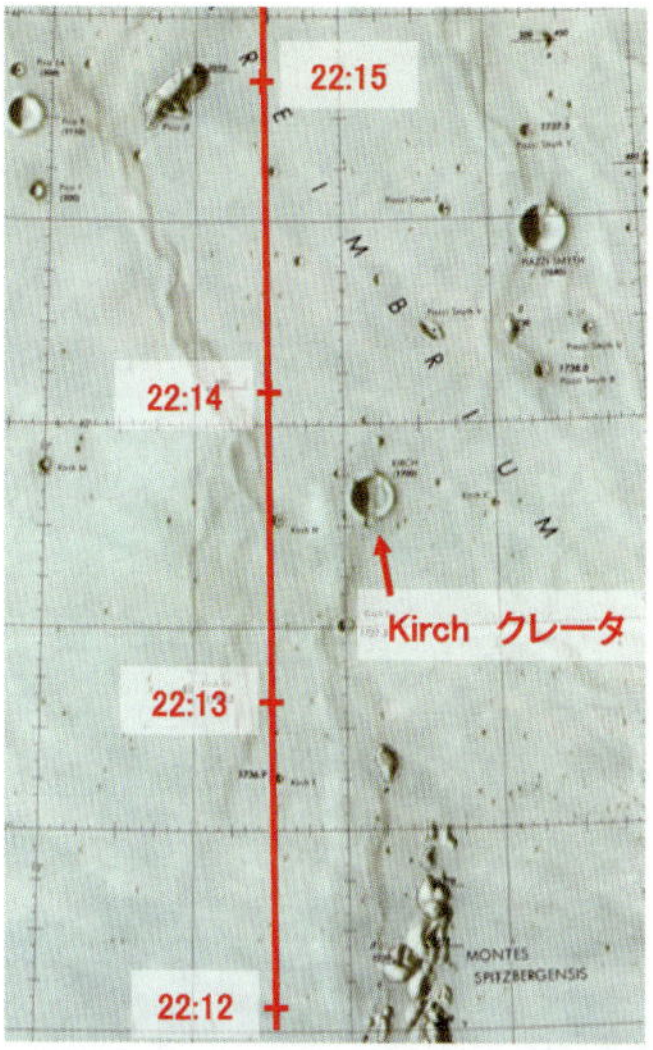

月レーダサウンダー (LRS) によって計測された深度約 500 m までに存在する、「雨の海」の地下反射面。左の地図は計測された場所を赤線で示しており、下の 2 つの図は合成開口処理を施した同じレーダー画像である。下段は、判読しやすいように検出された反射面を赤線で示したもの。レーダーによる地下構造計測はアポロ計画でも試みられていたが、本格的なものは今回がはじめてである。上下に並行して走っている反射面は、地下の地層群の存在を示唆している。(提供：JAXA/SELENE)

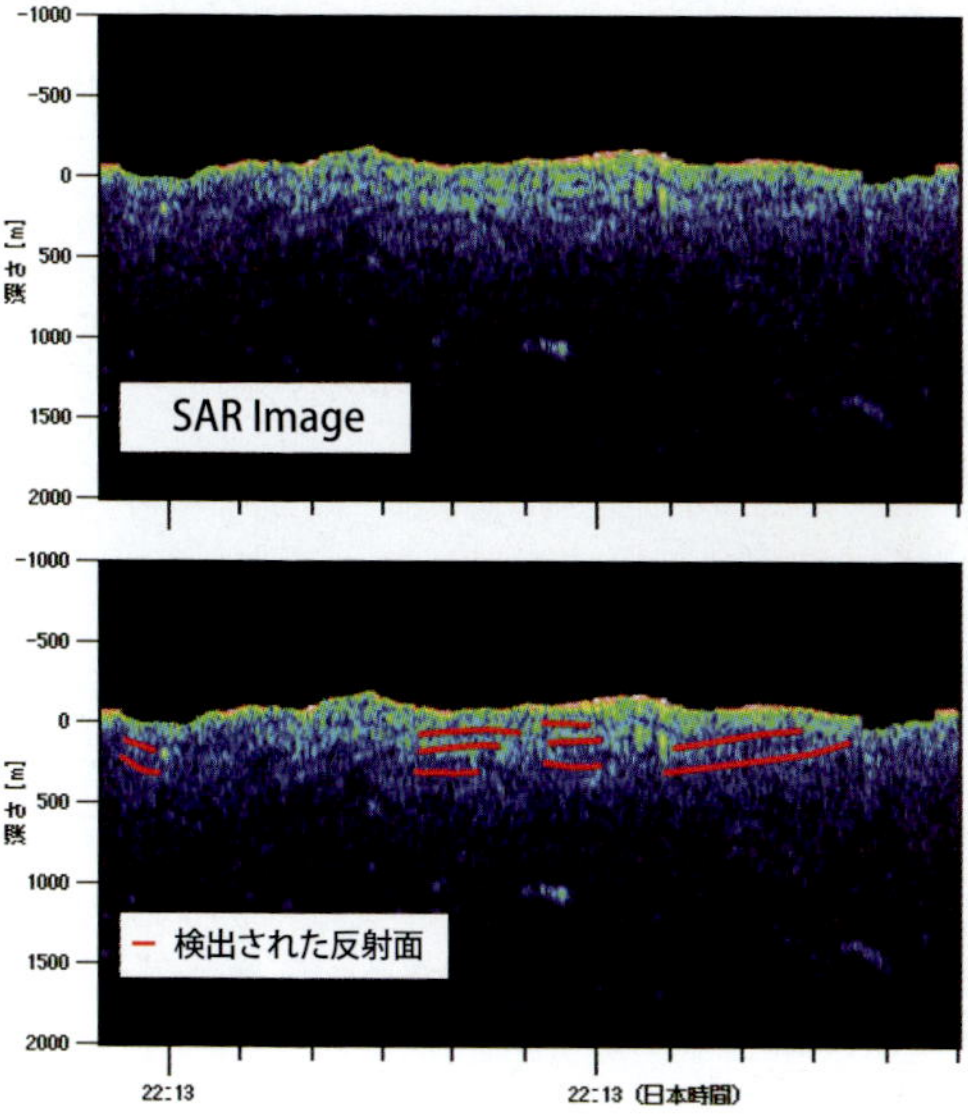

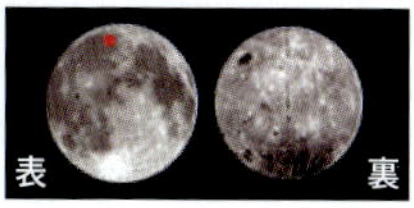

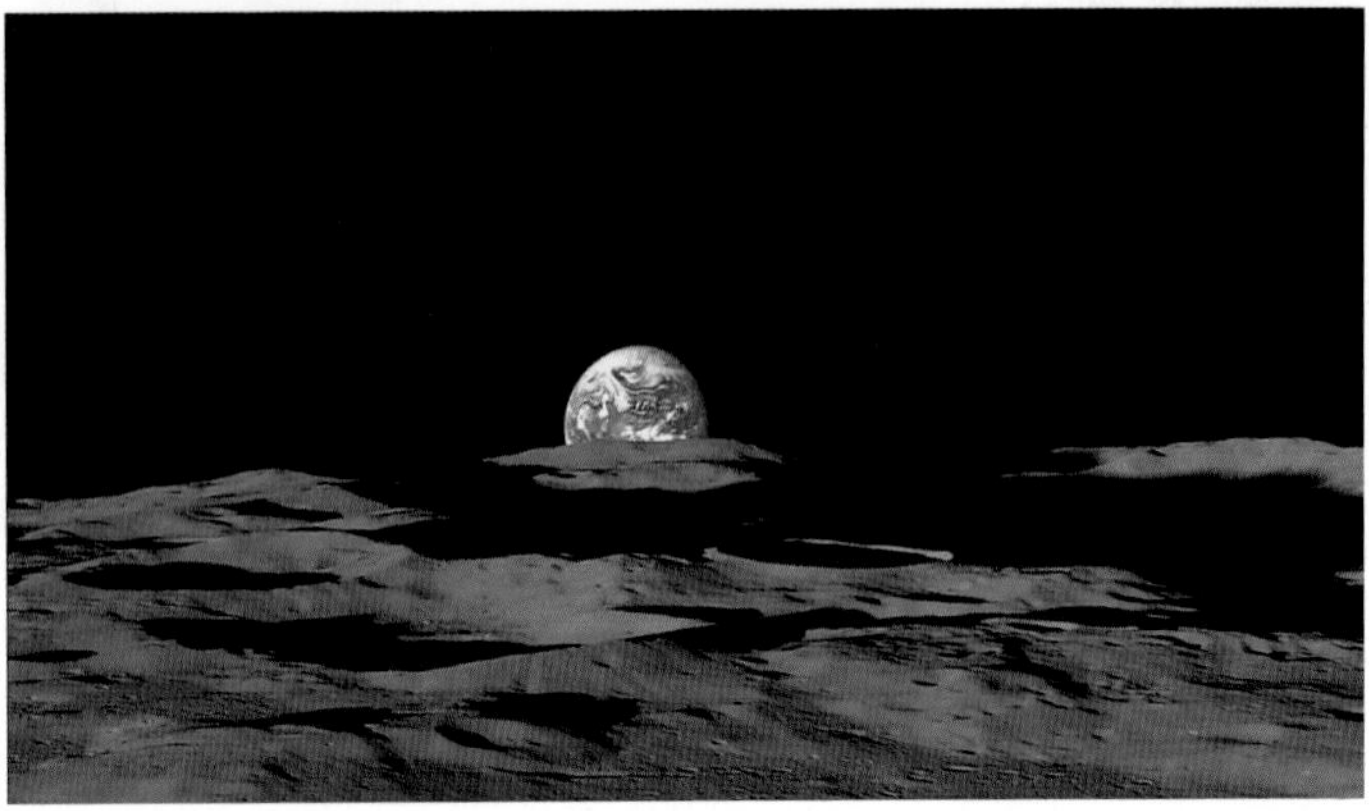

「かぐや」に搭載されたHDTV（宇宙仕様のハイビジョンカメラ）によって撮影された画像。月の南極に地球が沈む「地球の入り」の様子を捉えたもの。地球はオーストラリア大陸から南極を上にして写っていることがわかる。永久影の候補であるシャクルトンクレーターの縁も写っている。（提供：JAXA/NHK）

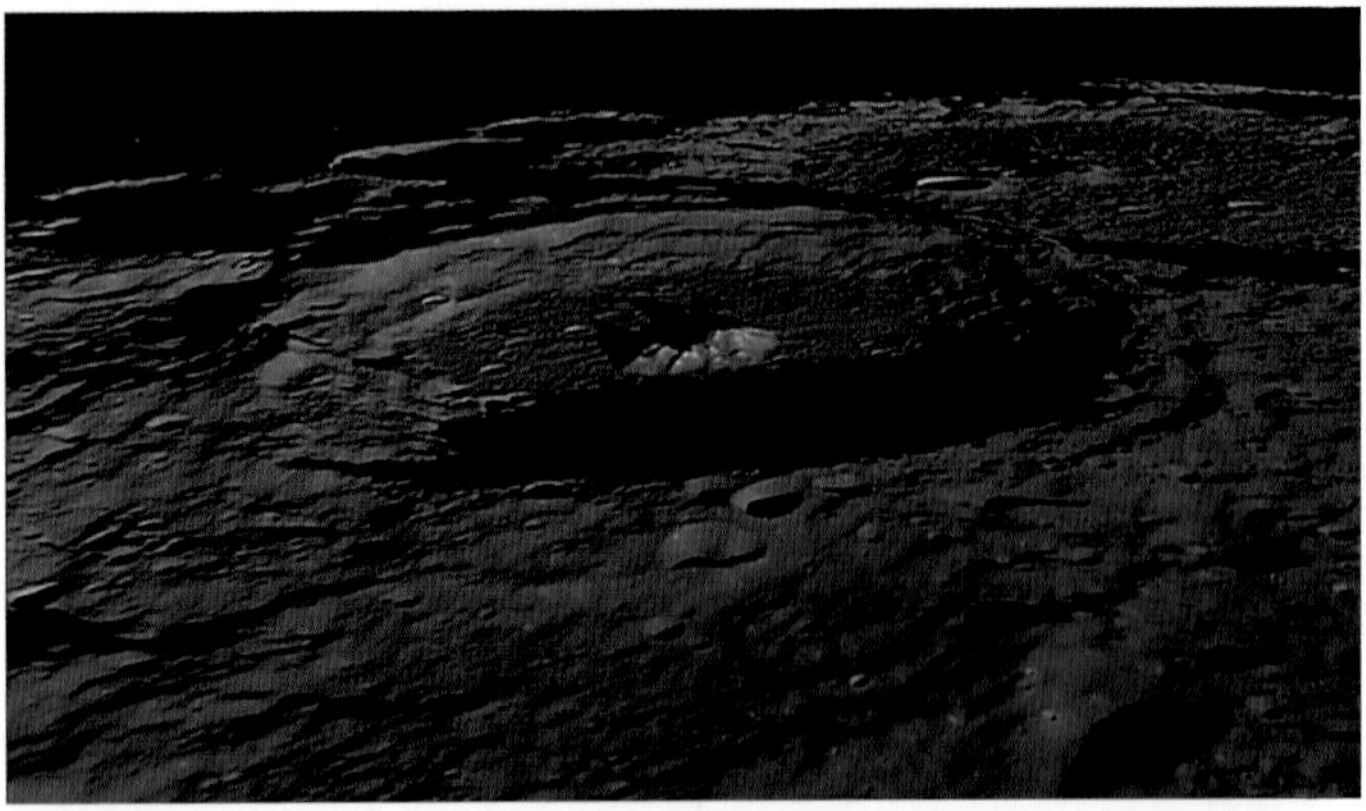

月の北極近くにあるプラスケットクレーター。中央丘が見える。コップの液面にミルクをたらすと中心部がリバウンドで盛り上がる現象があるが、衝突クレーターの中央丘は、それと同じように生じると考えられている。（提供：JAXA/NHK）

最新・月の科学

残された謎を解く

渡部潤一【編著】
Watanabe Junichi

1115
NHKBOOKS

日本放送出版協会【刊】

Printed in Japan
［協力］ JAXA
［図版製作］ 原　清人
［編集協力］ 酒井清一（白鳳社）
［本文組版］ 岸本つよし

はじめに

「月の氷」と聞いて、何を思い浮かべるだろうか？　「月の沙漠」の歌でもないが、月には空気も水もないというのが世の常識だから、「あれ？　氷って水じゃぁないの？」というのが普通の反応だろう。月の自転軸が太陽方向と垂直で、極点にまったく日の当たらないクレーターの影領域があるのだが、そこに氷が蓄えられているかもしれない、という「噂話」があるのだ。まだ実在が確認されてもいない「月の氷」に、世界中の宇宙機関が注目して発見・確認しようとやっきになっている。そんな、遠い世界のしんきろうみたいな話に、なぜ大金を注《つ》ぎ込んで調べるだけの価値があるのか？　そもそも米国アポロ計画で人が持ち帰った岩石を調べて、月には水がまったく含まれていないとわかったはずではなかったのか？　一体どこからその水はやって来たのか？　その水を何に使うつもりなのか？

二一世紀に入って最初の四半世紀は、欧米露日中印による月探査機ラッシュを迎えた時代として語られることになるだろう。欧州宇宙機関（ＥＳＡ）の技術実証衛星スマートワンは二〇〇三年九月二七日に打ち上げられ、二〇〇四年一一月一六日に月周回軌道投入、二〇〇六年九月三日に月面に激突してミッションを終えた。日本と中国が二〇〇七年に打ち上げ・月周回軌道投入を成功させ、ミッション継続中である（二〇〇八年現在）。二〇〇八年にはインドと米国の月探査機が相次いで三機も打ち上げられる。米国は有人宇宙活動の場を国際宇宙ステーションから月・火星へとシフトすることを明言しており、アポロ計画以来の月への回帰を謳っている。では、月にはそこまでするどんな価値があるのか？　それを語るには、まず月の起源と進化について触れねばならない。

アポロ計画で持ち帰られた月の岩石を調べたところ、月は地球の年齢と同じくらい古いことがわかった。また、水分子はおろか、鉱物構成要素レベルで水（OH基）がまったくないことが明らかにされ、水にあふれた地球の岩石とはまさに別世界だった。ナトリウムやカリウムをはじめとした、比較的揮発性の高い元素にも乏しく、地球上では生成しえない岩石・鉱物ばかりが見つかった。どうやら、月は非常に高温の過程を経てきたらしい。誕生時かその後かはわからないが、一度大規模に溶融して軽くて白い物質が表面に集まり、その後の大きな隕石衝突でできたクレーターのくぼみに黒い熔岩が噴き出して埋めた、そんな描像が固まった。そうしたウサギの模様をした黒い平坦な部分は「海」と呼ばれるが、実は熔岩の海だったのだ。しかし、その火山活動は地球生命が陸に進出するずっと前に終わってしまった。地球の差し渡しの四分の一、体積にして五〇分の一、質量にして八〇分の一という月は、地球よりもずっと早く冷えきってしまい、大気もないので、地球のような風化・浸食も起きず、大昔の情報をそのまま保持している。いわば、化石のような天体だといわれている。

アポロ以後、二〇世紀末までに米国は二機の月全球探査ミッションを実施した。月に着陸して現地で直接調べる方法から、月表面から放たれる太陽反射光や放射線を観測するリモートセンシング主体で行なわれるようになった。クレメンタインミッションでは表面の鉱物を可視の分光カメラでマッピングし、鉱物・岩石および鉄・チタンの分布地図を得た。極の氷を検証しようとして、衛星から月極域で反射した電波の位相を調べたが、はっきりしたことはいえなかった。ルナプロスペクタ・ミッションでは、トリウムの分布や磁場、重力場のモデルを得た。そして、月の極に、水素原子がたくさんあることがわかり、これがもしすべて水だったら最大で六〇億tもあると計算され、各方面に衝撃を与えたのは記憶に新しい。

以上に述べた、月の岩石の地上分析結果、ならびに月全球リモートセンシング結果を踏まえて、月の資源として語れるものを探してみよう。内因性の資源としては、岩石を力ずくで分解したらケイ素と酸素が得られるという話はひとまず置いておいて、白い岩石（斜長岩《しゃちょうがん》）からアルミニウムが、黒い熔岩（玄武岩《げんぶがん》）から鉄やチタンが、それぞれ分離できる。また、ウラン・トリウム・希土類元素も、一部の海に濃集していることが全球リモートセンシング概査でわかっている。

外因性の資源としては、何億年もかけて太陽風が吹きつけて表面の砂（レゴリス）に吸着された水素やヘリウムがある。水素の価値は後述するが、ヘリウム3（通常のヘリウムより中性子が一つ少ない同位体）は未来の核融合燃料となる。これは、レゴリスを集めて温めるだけで分離でき、必要なコストもエネルギーも比較的小さい。

そして、どこからやって来たのかわからない、もしかしてあるかもしれない月極域の水の氷もそうだ。月惑星科学では、水に限らずドライアイスやメタンの固体まで氷と総称されるが、ここでいう氷とは、水の氷を指している。地球でもその価値が次第に重要視されつつあるが、水は別格の資源なので、あるかないかで様相ががらりと変わる。水は、生命維持に欠かせないし、コンクリートの固結といった化学反応の媒介物でもある。岩石に比べて容易に分解できて水素と酸素が得られ、その水素は還元剤として別の鉱物から酸素をはぎ取るのにも使える。宇宙開発における有人活動では、酸素はいうまでもなく大事なものだ。また水素と酸素は、宇宙開発でよく使われる燃料電池のエネルギーとして使える。水素と酸素を反応させて得られるエネルギーを電流として取り出す燃料電池は、一般の熱機関よりも発電効率が大きいので、宇宙開発の場面ではよく登場する。それに、月面ないし月から出て行くロケットの推進剤材料にもなるのだ。

さて、いろいろと利用できそうなことはわかったが、鉱物資源としての価値は、実は使う場面までのコストが決めるというのは、あまり知られていない「常識」である。たとえば、ある建設現場のすぐ近くに鉄鉱石の山があったとしよう。もしそこにプラントを建てて鉄に精製した時、別の鉱山で作れる安い鉄に運搬費・管理費などを加算したものよりも高くつく場合は、顧みられることはない。では、月面開発ではどうか。すべての材料を地球から持っていくのは、ロケットで地球の重力のくびきを振り切るコストを考えると、あまり賢明な選択ではない。地球の大航海時代を振り返るまでもなく、資源利用の基本は現地調達なのだ。しかし、月は地球ほど豊壌《ほうじょう》な大地ではない。内因性の資源には限りがある。しかし、もし月に水があるといろいろなことが現地調達で可能になり、再び繰り返そう、様相ががらりと変わるのだ。おまけに、水の氷は、極の永久影《えい》などきわめて限られた領域にしか存在しえないことがわかっている。存在の不確かさと発見・利用価値とを掛け算して、月に氷があるか否かを調べるコストを払うのも十分価値がある、そう世界は判断しているわけだ。

いま、こうして世界中の宇宙機関が月に注目しているが、米ソ冷戦の中で行なわれた月一番乗り競争とは時代背景がまったく異なっているのがわかるだろう。科学技術による国威発揚という意義は米露以外の宇宙機関にとってはいまだに価値あるテーマの一つではあるが、それだけで語り尽くせるほどロマンチックで単純なものではなくなっている。具体的な目標の一つとして「月の氷」探索を挙げたが、月を知れば知るほど、切り込み方がいろいろあることがわかってくる。

日本も、そうした月を目指す潮流と無縁ではない。二〇〇七年九月一四日、H－ⅡAロケットでここ八年開発・準備されてきた月周回衛星「かぐや」を打ち上げ、同年一〇月四日に月周回軌道に投入した。その後、子衛星二機を分離しつつ観測機器の動作初期チェックを行ない、一二月二一日より定常観測に入っている。それから一〇か月で月全球を観測し、姿勢制御用の燃料の許す限り延長してくまなく調べ切ろうという、アポロ計画以来の野心的な計画を遂行中だ。やれることはすべてやる、という姿勢なので、もちろん、月の永久影の中の氷の存在を確認することも調査項目に含まれている。

そもそも、このかぐやミッションは、かつての二つの宇宙機関が共同で立ち上げた、はじめてづくしの異色な大型プロジェクトだ。旧文部省の管理下で科学衛星とＭ（ミュー）型固体燃料ロケット開発を担っていた旧宇宙科学研究所（ＩＳＡＳ）と、旧科学技術庁の管理下で実用衛星とＨ－Ⅱ液体燃料ロケット開発を担っていた旧宇宙開発事業団（ＮＡＳＤＡ）、両者が手を携えたはじめてのミッションである。両宇宙機関は、旧航空宇宙技術研究所（ＮＡＬ）とともに、二〇〇三年一〇月に宇宙航空研究開発機構（ＪＡＸＡ）に統合されたが、形のうえではそれを先取りしたことになる。

諸外国の月探査ラッシュとは独立に始動したが、Ｈ－Ⅱロケット等の打ち上げ失敗による停滞のため、見かけ上、諸外国の月ミッションと同時期に重なってしまったのだ。これまで月に投入された観測機器をほぼ網羅しての大型衛星というのは珍しく、数え方にもよるが観測ミッションチームが一五もあるのは日本の探査機でははじめてだし、世界的にも見あたらない。アポロ以来とか、月探査の決定版などといわれるのも、もっともである。周回遅れで走っていたつもりが、気づいたら世界の先頭を走っていた、といえばわかりやすいだろうか。

大型なので実用衛星用のＨ－ⅡＡロケットを使うことになったが、科学衛星打ち上げ目的で使われるのははじめてである。地球外天体の全球撮像というのも日本ではじめてのことだし、ＮＨＫハイビジョンカメラが無人探査機に搭載されたこともはじめてである。月面から見た地球の出・地球の入りを動画で撮影したのは、三〇年以上も前のアポロ計画以来のことで、デジタル撮像はもちろんはじめてである。子衛星を併用して、月の裏側の重力場を正確に計測する試みは世界初だし、全球撮像ならびにそれによる数値地形図の空間分解能が一〇mというのも過去の地形図を一新するものだ。地中レーダーの本格的な月面導入もはじめてだし、一五の観測ミッションデータを統合することでどんな新発見や新描像が生まれるか、期待を集めている。能書きはいい、データそのものに語らしめようということだ。規模と精度が従来ミッションと違いすぎる分だけ、単純である。かぐやプロジェクトが中国やインドの月探査計画に与えた影響は大きい。

月は月以遠の人類活動とどう関係するだろう? 人類活動というのは、北米フロンティアの西進を例に取るまでもなく、探査(探検)、調査、開発、移民といった段階のすべてを指す。現時点は、月面活動を支障なく行なえるような精密な地図を作ろうという段階なので、探査から調査に移行しつつあるといえる。世界の宇宙開発情勢に触れるには、米国の動向が欠かせない要素だ。現在の米国の月に対する視線は、すでに一度アポロ計画による有人着陸探査を成功させたという自信を踏まえて、宇宙実験場・テストベッドとして利用する意識が非常に強く感じられる。有人宇宙活動の舞台を国際宇宙ステーションから月面に切り替える姿勢を明確にし、月に関しては冒険・探査という観点から、着実な調査・開発・利用という方向にシフトしつつある。火星へ人を送る地球外拠点にしようという意図も明確だ。そのほかの宇宙機関は、それに追随ないし競争する流れにある。地球にもっとも近い天体である月における宇宙開発は、ステップアップする技術目標を設定しやすいので、国際協力・競争をしつついろいろな計画が立ち上がっている。

一方、理学的視点から見ると、月そのものも大変興味深い対象だ。太陽系および地球の起源と進化を理解するための重要な天体の一つであり、研究者はその重要さを実感している。ほかの天体よりも比較的アクセスしやすく、地球ほどではないが、検証のためのデータが入手しやすいからだ。

また、月と地球の歴史は、密接に絡み合っており、潮汐《ちょうせき》が生命のリズムを支配していることや、月の存在が地球環境の安定化に寄与していることは広く知られている。月・地球系、太陽系の研究はいま急速に進歩・拡大しており、「かぐや」の膨大なデータを分析し位置づけるのにも、かなりの時間がかかるだろう。本書の内容は、「かぐや」の最新成果というよりも、『かぐや』以前の月の理解」であることを、あらためて強調させていただきたい。いままさに「かぐや」による更新が待たれているのだ。

また、月の知見・事実は、それぞれ無関係にそこにあるわけではない。月の起源と進化という理学的視点を持つと、パズルピースを当てはめるように、すっきりと見通しよく理解することができる。せっかく、月に注目が集まっている中、月の豆知識を丸暗記していてはもったいない。本書の読後、理学的な視点と四十数億年の歴史的視野を持ち、月の話題を楽しんでいただけるような書になれば嬉しい。日本の月周回衛星「かぐや」が、いかに世界最先端に立った仕事をしようとしているのか、その位置づけを知って、久しぶりに世界に誇れる出来事と実感していただければ、さらに嬉しい限りだ。

月は宇宙開発黎明期《れいめいき》の米ソが競争する目標だっただけに、月探査と月の理解の進歩をその流れで紹介しながら時代を追って解説した月関連書籍をよく見かける。月探査は、科学目的だけで行なわれてきたわけでもなければ、政治的な成果しか挙げられなかったわけでもない。米国アポロ計画も、旧ソ連のルナ計画も、たしかにいろいろたくさんのことを成し遂げてはいるが、すべては複雑に入りくみ混沌としていて、なかなか全体像を理解することができない。ましてや、その後の探査ミッションがもたらしたことなど、膨大な量の解説書が必要で、実際アポロ計画だけでも類書は山のようにある。いまを理解するのに、一つの視点で語ることは難しい。

そこで本書では、まず人間と月との関わりについて述べ、残りを月の科学とかぐやミッション、そして将来の月探査について割り当て、複数の執筆者の視点で構成するスタイルを採用した。位置づけが錯綜《さくそう》している内容でも、大胆に切り出し、一般の読者に伝わることを最優先に刈り込んでみた。著者らは理学的立場に立つ者ばかりなので、全体としては月の理学的理解、地球と月の起源と進化にウエイトを置いた構成とした。

本書において、いま月の周りを回っている「かぐや」の科学観測機器がどんな成果を挙げ、月の科学がどう進展するのか、一つの方向性を示すことができれば、著者らの幸せである。

最新・月の科学——残された謎を解く【目次】

第三章　月表層・地殻を科学する　87

第四章　月の深部構造に迫る　127

第一章●日本人は月をどう見てきたか

夜空に輝く天体としての月

物心がつくかつかないか、という年頃の子供たちが、夜空でまず最初に注目するのが、明るく輝く月ではないだろうか。

月は太陽をのぞけば天空でもっとも明るい天体である。明るく輝く月は、それだけで目立つだけでなく、場合によっては夜という暗闇を照らし出す役目もしていた。よく晴れた満月の夜に、人工灯火の少ないところで外に出てみると、目が慣れてくるにつれ、その明るさを実感することができるだろう。満月の明かりがあれば懐中電灯なしでも歩けることもわかるはずである。「月夜に提灯《ちょうちん》」という言葉に代表されるように、電気のない時代には、月明かりは重宝されていたわけである。

月が注目される第二の理由は、太陽とともに、肉眼でもその有限の大きさがわかる点にある。夜空の星々が、ほとんどすべて、どう見ても点にしか見えないのに、太陽と月は大きさを持っているのである。月の見かけの大きさは三〇分角、つまり一度の半分である。目のいい人が、その視力で見分けられる見かけの大きさは一分角といわれている。月は、その三〇倍もあるのである。ちなみに、たまたま太陽の見かけの大きさも、月とほぼ等しい。そのため、月や太陽は、時々現われる彗《すい》星《せい》などの特殊な天体をのぞけば、肉眼で楽にその大きさを認識できる天体なのである。

そして月が注目される第三の理由が、日に日にその輝く場所を変えていく、つまり動いていくだけでなく、その姿・形を変えていくことである。太陽は自ら輝いているため、その見かけの形は円盤のまま変わらないのに対して、月はどんどんその形が変わっていく。これが月の満ち欠けと呼ばれている現象である。そして、その満ち欠けを繰り返すという特徴を持っている。

天空に輝く天体の中で、明るくて、なおかつ有限の大きさを持ち、それが日に日に満ち欠けを繰り返しながら動いていく。これだけ目立つ天体は、夜空にはほかになかったし、古代の人々も、月に畏怖《いふ》を感じ、またその不思議な姿に人間の手の届かない何かを感じていたのかもしれない。そして、同時にわれわれの先人たちは、この月をさまざまな形で活用していったわけである。

本書のテーマは、現在までに科学として解明された月の姿を、まだ残されている謎とともに紹介することではあるが、まずは、近代科学以前に月がどう考えられ、人々の生活にどのように使われていたかについて、紹介しておきたい。

月からの「月」の誕生

われわれ人類が、月を活用した最初は、何といってもカレンダー、すなわち暦《こよみ》である。新月を過ぎると、まず西の地平線近くに細い月として現われる。次第に東に動きながら、少しずつ太っていく。約一週間ほどで、半月の形（上弦の月）まで太った月が夕方の南の空に輝くようになる。その後も太り続けて、二週間強で、日没とともに東の地平線から現われるほぼ丸い形の満月となる。

満月を過ぎると、今度はもともと太っていた側から欠けはじめる。同時に、月の出の時間は、どんどん遅れていき、約三週間強になると、深夜にならないと東から昇ってこなくなる。ちょうど夜半に昇る月は、最初の半月とまったく逆の形の半月（下弦の月）となる。こうして、次第にやせ細っていき、明け方の東の地平線から昇る頃になると、かなり細くなる。そうして、やがて太陽の近くに移動してしまい、見えなくなってしまうのである（新月）。この一連の満ち欠けの周期は、平均して二九・五日である。読者の方々は理解していると思うが、念のためにいっておくと、月の移動と満ち欠けは月が地球の周りを回っていることによって起きるものである。

さて、時計もカレンダーもない時代を想像してみれば、規則的な動きとともに、誰が見てもわかるような形の変化を示す月を利用することは自然な成り行きである。月の一サイクルが、暦の一サイクルになるのも自然である。というわけで、太陽が昇っては沈むという一サイクル＝日（Day）とともに、より大きくまとめた暦の単位として月の満ち欠けの一サイクル＝月（Month）ができたわけである。日本語での「月」は、天体としての月を示すと同時に、暦の単位を示す漢字でもある。英語では、前者がMoon、後者がMonthと語形変化が起きているために違った単語に見えるが、もとは同じである。

満ち欠けを繰り返す周期性を持つ天体としての月から、暦の「月」が生まれたわけである。

季節と暦に込められた意味

こうして、われわれは暦として、「月」という単位を使うようになったのだが、後で見るようにこれはいくつか不便な点がある。その説明の前に、まず「年」についても説明しておかなければならない。

「月」が満ち欠けの周期であるのに対し、「年」は端的にいえば太陽の周期である。太陽は東から昇って西に沈む、という日周運動のほかに、星座の間をわずかずつ、西から東へ動いている。そのため、同じ時刻で考えると、背景の星々は一日ごとに、少しずつ東から西に動くように見える。これがいわゆる年周運動と呼ばれるものである。太陽が見かけ上、天球を動くのは、実際には地球が太陽の周りを回る公転によるものであることはご存じだろう。この周期こそ、「年」である。

さて、この周期がなぜ大事かといえば、季節が生じるからである。夏は暑く、冬は寒くなるという季節の原因は、夏の太陽が地球に近づいたりするからではない。もちろん、太陽を巡る地球の軌道は完全な円ではなく、わずかに楕円《だえん》ではあるものの、その太陽―地球間の距離の差はせいぜい三%ほどである。しかも、太陽と地球がもっとも近づくのは、実は一月三日頃で、北半球では真冬にあたる（逆にもっとも遠いのは七月七日頃となる）。

その距離の差よりも、その場所での太陽の高度、つまり空を通る高さ（角度）の違いのほうが大きく影響するからである。夏と冬の日差しの違いは、太陽の高度による。真冬の太陽は空の低いところを横切ってゆく。冬の日の光が窓から部屋の奥まで入り込むのはそのためである。逆に夏の太陽はかなり高く上まで昇る（図1－1）。懐中電灯で地面を照らした時、真上から照らした場合と、斜めから照らした場合を比べるとよくわかる。真上からのほうが、明るさ（単位面積あたりの光の量）が強くなる。これと同じように真夏の太陽は真上から照りつけるために単位面積あたりに受けるエネルギーが大きく、暑くなる。真冬の太陽は斜めから照りつけるために広がって弱くなるのである。これは一日の中でも経験できる。真昼の日差しより夕方の日差しのほうが弱くなるのと同じ原理である。

　北半球で、太陽の高度がもっとも高くなるのは六月二一日頃の夏至の日で、東京では正午の太陽の高さは七八度となる。一日のうちで太陽がもっとも高く昇る、つまり真南を通過するのを、南中と呼び、その時の地平線からの高さを南中高度と呼ぶ。夏至の南中高度である七八度という値は、天頂が九〇度なので、感覚的には、ほとんど真上から地上を照らしていると感じさせるものである。反対に昼が一番短い、冬至の正午頃の太陽の南中高度は三二度と夏の半分以下の低い空にあり、かなり斜めから地上を照らすことになる。さらに冬は太陽が低いと

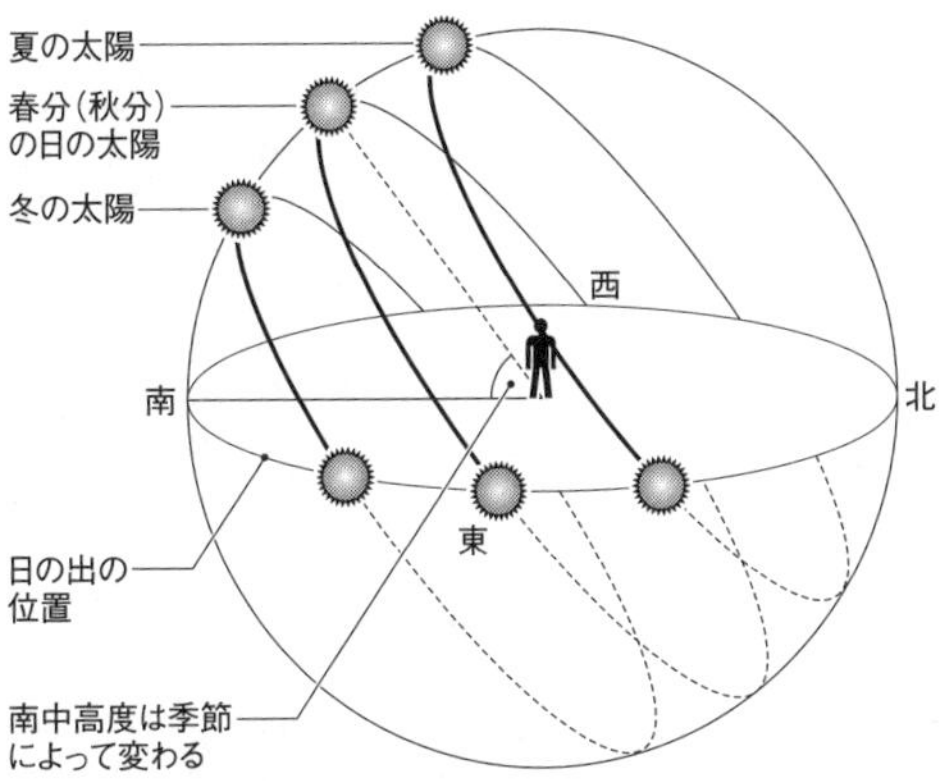

図1-1　季節による太陽の1日の道筋の違い。北半球・中緯度における動き。

ころを通る分、出るのも遅く、日の入りも早くなり、昼の時間が短くなる。結果として地上が受けるエネルギーが少なく、寒くなるわけである。

ところで、地球には海や大気があるため、温まったり冷えたりするのに時間がかかり、一番の寒さや暑さは冬至や夏至の約一か月ほどあとになる。一日の中でも、正午よりも午後二時頃がもっとも暑くなるのも同じ原理である。

このように冬と夏で、太陽の高さが変わるのは、地球の自転軸が、太陽の周りを公転する軌道平面に対して、傾いているからである。地球は地軸が公転面に対して立てた垂線に対して、二三・四度傾いたままで公転している。夏は北極が太陽のほうに傾き、冬は逆に南極が太陽のほうに傾いているわけである。ところで、南半球と北半球では冬と夏が逆になる。いずれにしろ、この自転軸の傾きがなかったら、これほど大きな季節変化は起きなかったはずである。

さて、文明が発達すると、狩猟採集から、農作物を栽培するという農業がはじまった。農業は、季節に合わせた作業、たとえば種まきなどをしなくてはならないが、その目安として季節を知るための暦が必要となっていったのである。

たとえば、エジプト人は全天でもっとも明るいおおいぬ座のシリウスが明け方の東の地平線上に見える頃に、ナイル川の増水が起こることを利用して、一年のはじまりとしていた。ナイル川の増水は、いつ麦の種をまけばいいかの目安になるからである。このように一年は三六五日であることがわかってきた。エジプトでは、こうしてもともと季節重視の太陽を基準とした暦が作成された。

これが太陽暦である。

さらに、長年にわたって一年三六五日の暦を用いているうち、ナイル川の洪水と暦がずれていくことに気づいた。こうして、紀元前二三八年には四年に一度は三六六日にするという調整を行なうようになった。いわゆる閏《うるう》日の挿入である。こうしてエジプトの太陽暦は、われわれが現在用いている暦とほぼ同じシステムになったのである。

「年」と「月」

ところで、太陽の周期（地球の公転周期）から決まった「年」が、月の周期から決められた「月」と相性がいいはずはない。どちらも天文学的に完全に独立な現象ゆえ、お互いの周期に、何ら相関もなく、割り切れるものでもないからである。

そこで、暦はここから大きく分かれる運命をたどる。月を重視するのか、前節で紹介したように年を重視するのか。後者が太陽暦だが、前者こそが月を重視した暦としての太陰暦を生むことになる。

前述のように月は平均して二九・五日の周期で満ち欠けする。そこで、一か月を二九日あるいは三〇日とし、それを交互に繰り返すことで、平均として二九・五日の周期が保てる（ちなみに、これがもともと大の月、小の月の起源となる）。この月を一二回繰り返すと、約一年となる。一年が一二か月というのは、この月の満ち欠けの周期の繰り返しがもっとも一年に近くなる、という理由から自然に決まっていったわけである。

さて、ここで不便な点が出てくる。というのも、月の満ち欠けを基準に一二回の「月」を繰り返して、これを一年に定めてしまうと、一年の日数は二九・五日×一二か月＝三五四日にしかならないからである。太陽暦に比べても、これは一一日足りない。すなわち一年間ごとに季節が約一一日ずつずれていってしまうのである。これでは、季節を示す暦としては機能しなくなってしまう。ほとんど季節がないような砂漠地方では、それでもかまわないだろう。むしろ、誰にもわかる月の形を基準としたほうが何かと便利なこともあったはずである。現在でも、イスラム教社会では、純粋な太陰暦であるイスラム暦（ヒジュラ暦）というのが用いられていて、ラマダン（断食月）などの宗教的行事の目安になっている。

しかし、季節を反映していない太陰暦は、農事暦としてはまったく向いていないことになる。エジプト・ナイル川流域のように季節を知り、農業を行なう必要があった地域では、月だけを基準にした暦はとても不便だったわけである。

エジプトの場合は、そこから太陽暦を編み出したのだが、ほかの地域では、月を基準とした暦を改良して、季節を知る目安とする工夫を施した。月を基準としながらも、季節とのずれを補正していく太陰太陽暦というものである。日本でも、明治五年（一八七二年）一二月までは、現在のような暦ではなく、〝旧暦〟と呼ばれる太陰太陽暦が使われていた。この暦は月を基準としつつ、太陽の動き、すなわち季節がずれないように配慮する暦である。一か月二九日と三〇日を交互に繰り返すのは太陰暦と同じだが、時々〝補正〟するのである。この補正の方法にはたいへんなバラエティがあるが、適当な間隔で閏月を入れる方法が一般的である。いまでも時代小説や歴史小説を読んでいると、「閏三月」などという月の呼び名が現われることがあるが、これは三月の後に、季節がずれないようにひと月を余分に入れたものである。そのため、閏月がある年は一年が一三か月となる。もともと、閏年とは、この閏月が挿入され、一年が一三か月の年のことであった。

閏月の入れ方は、置閏法《ちじゅんほう》と呼ばれ、それそのものがたいへん複雑で、採用する暦の方式によっても異なっていた。日本では、かつての天文学者、江戸時代には「幕府天文方《かた》」と呼ばれていた役人たちが、この暦を研究し、日本に合った暦法《れきほう》を採用し、毎年の閏月を決定、発布していたのである。一般には、一九年に七回の閏月を入れることになっている。これは、一九年というのが、太陽の周期である年と月の満ち欠けの周期との最大公約数に近いからである。一九年は 365.242194 日×19 = 6939.601686 日であり、満ち欠けの周期（朔望月《さくぼうげつ》と呼ぶ）の二三五倍は 29.530589 日×235 = 6939.688415 日となって、ほぼ等しくなる。ちなみに月の満ち欠けの周期は、月の公転周期（約二七・三日）よりやや長い。これは、月が地球の周りを一周する間に、地球も太陽の周りを公転するため、満月から満月になるためには、月が軌道上を余分に進まなくてはならないからである。一九年は一二か月×一九 = 二二八か月ゆえ、七回の閏月を入れれば二三五か月となり、ずれがほぼ解消されるわけである。これをメトン周期と呼ぶ。メトンというのは、この周期を発見した古代ギリシアの数学者の名前である。

ただ、微妙な不一致分、約〇・〇九日のずれが残るため、この差が永年にわたって蓄積していく。二〇〇年ほどで約一日近くずれるので、時々改暦を行なって、このずれを補正してもいた。

現在の日本には「公式な」太陰太陽暦（旧暦）は存在しないことになっている。ただ、長い旧暦時代に培ったいろいろな行事は、いまだに民間が計算している旧暦の日時に合わせて行なわれることも多い。「仲秋（中秋）の名月」もその一つである。旧暦をいまのカレンダーに換算すると、平年であれば、だいたい一か月遅れとなる。すなわち立春は二月ではなく三月に、七夕は梅雨が明け、天候に恵まれやすい八月に相当する。だから、どうしても行事自体が季節に合わない場合には、新暦からひと月遅れの日付で行なうようになったのである。これがいわゆる「月遅れ」というもので、月遅れのお盆、七夕などが八月に行なわれるのは、そのためである。

惑星としての月

暦の話が続いたついでに、惑星として捉えられていたという側面についても、紹介しておきたい。太陽と月は、もちろん特別な天体ではあったが、古代の西洋では「惑星」という分類でもあった。そんな馬鹿な、と思われる人がいるかもしれないが、もともと地球が宇宙の中心であるという宇宙モデル、すなわち天動説では、地球の周りを回っているという点では、月も太陽もほかの肉眼で見える五つの惑星（水星、金星、火星、木星、土星）も同じだったわけである。もともと「惑星」の言葉の意味は、恒星天球に対して動き回るもの、すなわち惑《まど》う星というものであった。

季節によって、見える星座は異なっていくものの、普通の星々はお互いの位置関係を変えることはない。恒《つね》に同じ位置にある、という意味で恒星と呼ばれてきた。この恒星に対して、その位置を毎日のように変えていくのが惑う星、つまり惑星である。水星、金星、火星、木星、土星、太陽、月の七つだったわけである。惑星（プラネット）の語源を遡れば、もともとギリシア語のプラネーテース＝さまようもの、に由来している。

この名残は、いまでも西洋占星術の中に残っている。占星術の中では、太陽も月も惑星として扱われているのである。そして、それ以上に生活に密着している暦にも残っているといえる。それが週である。

暦の基本単位である年、月、日は、すでに説明したが、週はどのように決まったのか。カレンダーを見ると、曜日が七つ並んでいる。この曜日の数こそ、かつての（肉眼で見えていた）惑星の数なのである。

古代の人たちは、宇宙の中心は地球で、その周りを地球に近い順に月、水星、金星、太陽、火星、木星、土星と並んでいると信じていた。すなわち、天球上を動く速度が速い順に、月、水、金、日、火、木、土と並んでいると考えたのである。そして、この惑星たちが遠い順に時間を支配していると信じていた。だが、これがそのまま曜日の順番になったわけではない。

この順番を使って、まず時刻を支配する天体を決めた。週の第一日第一時には、もっとも遠くの惑星をあてはめた。すなわち、週の第一日第一時が土星、第二時が木星、第三時が火星と、第二四時まで支配する星をあてはめてゆくのである。そうすると、第一日は火星で終わる。第二日めの第一時は次の太陽からはじまり、水星で終わる。第三日めの第一時は月ではじまり、第四日めは火星ではじまる。こうやって一週間にわたって、各時刻を支配する星が決められていったのだが、その各日の最初の時刻を取り出し、それぞれの日を支配する星が決められた。すなわち、第一日が土星ではじまり、第二日から太陽、以下、月、火星、水星、木星、金星の順となる。これが、現在の曜日の順番――土、日、月、火、水、木、金の起源なのである。

この決め方でいえば、週のはじまりは土曜日になるはずである。ところが、現在使われているカレンダーでは、土曜日ではなく日曜日からはじまるものが多い。これはエジプト人に虐待されていたヘブライ人が、エジプト人が週のはじめとしていた土曜日を、週の終わりにおきかえた、という説が有力である。また安息日など、その後のキリスト教の影響もあったようだ。日曜日を休日としたのは、四世紀にローマ皇帝が、キリスト教に基づいて定めたのがはじまりといわれている。いずれにしろ週のはじめが日曜日というのは、とくに決まっているわけではなく、カレンダーによっては、月曜日が週の最初にきているものもあり、どれが正しいというものはないと考えていい。

いずれにしろ、月を惑星の一つと考えていた時代の発想の片鱗は、いまでもわれわれの生活に密着しているといえるだろう。

満ち欠けと月齢

天動説から地動説の時代になっても、月だけは唯一地球の周りを回る天体のままであった。すなわち地球の「衛星」という概念で捉えられるようになった。月は自ら輝かないので、太陽の光を浴びている側面だけが光って見えるわけだが、その光った部分は地球と太陽との位置関係によって、さまざまな形となる。

細い月として西の地平線に現われてから、日にちが経つにつれ、次第に東に動きながら、少しずつ太っていく。そして半月を過ぎて、二週間強で、日没とともに東の地平線から現われる満月となる。満月を過ぎると、今度は逆側から欠けはじめ、再び半月を経て、明け方の東の地平線に近づくにつれ、細い月となる。この一連の満ち欠けの原因は、月が地球を回る公転である。公転するにつれて月は、次々と違った位相を見せる。月の位相（月齢）は太陽光の当たっている側面が、地球側にどれだけ向いているかによって決まる。

この満ち欠けの原点を、昔の人は、月がまったく見えない時期に据えた。月の満ち欠けは、それだけで生まれてから満ちて死んでいくという人間の一生を連想させるところがある。人も誕生を起点として年齢を数えるように、月の場合も細い月が西の地平線に現われてくるときを、新しい月が生まれる、と考え、これを原点としていたわけである。もちろん、太陰暦でも、それを起点としていた。

天文学的には、地球から見て月が太陽の方向に一致した時（難しい言葉でいえば、月の黄経《こうけい》が太陽

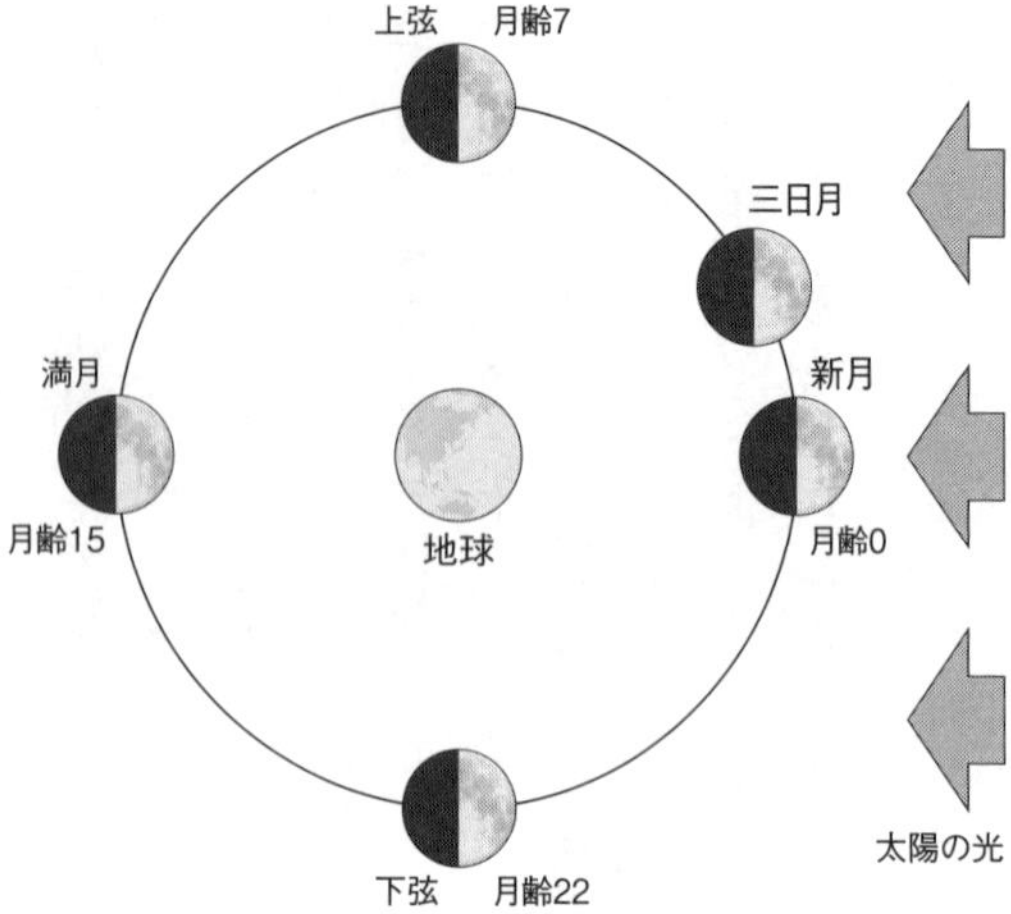

図 1-2　月の満ち欠けと位置

の黄経と一致した時）を、起点とする。地球からは太陽の方向に月があり、月の昼側は地球からはまったく見えない。この瞬間の月を新月と呼び、月の年齢という意味での月齢を〇《ゼロ》とする。新月は、朔《さく》とも呼ばれる（図1－2）。

　この新月の瞬間が含まれる日を太陰暦では一日とする。これは「ついたち」と読むことをご存じだろう。つまり、「つきがたつ」日である。「ついたち」は朔の含まれる日なので、朔日とも書く。これから二日ほど過ぎると、日没後の西の地平線に細い月が現われることになり、太陰暦では三日頃なので、三日月というのは有名である。一五日が満月になることが多いので、十五夜と呼ぶ。満月は別名、望月《もちづき》とも望《ぼう》ともいう。

　天文学的な満月の瞬間は、月が地球を挟んで太陽と反対側にきた時（難しい言葉でいえば、月の黄経と太陽の黄経との差が一八〇度になった時）である。

　また、太陽太陰暦あるいは太陰暦の二三日や二六日になると、明け方の日の出前に三日月と反対の格好をした細い月が見られるが、これらを二十三夜とか、二十六夜の月と呼ぶ。また、月がほとんど見えない暦上の月の最後の日を「晦《つごもり》」と呼ぶ。これは「つきがこもる」という意味である。太陰暦でも太陰太陽暦でも、暦での日付は即座に月の位相を表わしている。暦のうえで三日であれば三日月、一五日であれば満月と、ダイレクトに月の位相が日付と対応している。

ところで、半月になるのは月の上半期の約一週間めと下半期の三週間め頃である。半月は、弓を張った弦《つる》に見立てて弓張《ゆみは》り月あるいは弦月《げんげつ》と呼ぶ。いまでもひと月を三分割して、上旬、中旬、下旬と呼んでいるが、この弦月は月の上旬と下旬に現われる（ちなみに中旬は満月）ので、最初の弦月を上旬の弦月という意味で上弦、満月後の弦月を下旬の弦月という意味で、下弦と呼ぶ。

これは太陰太陽暦の名残であるため、太陽暦が採用されている現在では、暦上の「月」の巡りと、実際の月の位相が一致しなくなってしまった。そのため、明治時代に〝覚え方〟として、弦がどっち向きに沈むかというのに対応させた（月が沈む時、上弦は弓の弦の部分が上、下弦は逆になる）のが一般的になってしまい、まるでそれが本来の意味のように流布しているが、これは大きな間違いである。

月齢は、〇から約二九・五までで、再び〇となって繰り返す。よく新聞の暦欄に、この月齢が載っているのは、（現代では、この月齢を実生活上どの程度必要としているのかは、はなはだ疑問ではあるが）後に紹介するような月好きの日本人らしい習慣ではある。

月の公転と自転

月は肉眼でも明暗の模様を見ることができる。この明暗模様、詳しくは後に紹介するが、簡単にいえば黒く見えるところが海と呼ばれ、大規模な熔岩流出によって平坦となった地域である。海ではない部分は、クレーターが多い高地となっていて、斜長石と呼ばれる白っぽい鉱物が含まれている。この領域を山岳地帯と呼ぶこともある。暗い海の部分と白っぽい高地の反射率の差が、肉眼でもくっきりと見える模様を作り出しているのである。

この模様は国や民族・文化によって、さまざまな形に見立てられてきた。日本では餅つきのウサギに見立てていた。「うさぎ　うさぎ　なに見てはねる　十五夜お月様　見てはねる」という歌はご存じだろう。ロシアではおばあさんの横顔、中国ではひきがえる（嫦娥《じょうが》――中国の月探査機の名になっている）、ヨーロッパでは木につながれたロバなど、さまざまである。

ところで、どんな月齢のときでも、地球から見ると月の模様の位置は大きく変わることはない。明るく光っている部分の見え方こそ、月齢によって、ずいぶん変わるものの、よく見れば基本的にはいつも同じ模様が同じ場所に見えている。すなわち、月はウサギの模様のある半球、これを通常は〝表〟と呼んでいるのだが、その半球をいつも地球に向けたまま、地球の周りを回っているのである。

これは月の自転周期が地球を周回する公転周期と完全に一致しているためである。このような状態を、自転と公転が〝同期〟していると呼ぶ。月は地球に表だけを見せながら公転しているので、地球にいる限り、その裏側の半球を見ることは永久にできないのである。月の自転と公転が同期しているのは力学的進化の結果と考えられている。

月は地球に火星サイズ程度の大きな天体が衝突し、それによって飛び散った破片が集合して形成されたとされている。このジャイアント・インパクト説と呼ばれるモデルでは、形成直後の月は、現在よりも地球の近くを周回していたはずである。そのため、地球からの重力的な作用は現在よりもずっと強かった。その後、月は潮汐作用（第二章参照）を通じて、地球の自転のエネルギーを吸い取りながら、遠方へと遠ざかると同時に、月の自転周期も次第に変化し、公転周期と一致してしまったと考えられる。

これは起きあがりこぼしを考えるとわかりやすい。起きあがりこぼしのお尻は、頭に比べて相当に重くなっている。そのため、お尻が地球の重力に引かれるので、お尻を下にして（つまり地球に向けて）、立ち上がった状態がもっとも安定である。実は月の表側は、裏側に比べて、やや重くなっている。つまり、月の引力重心が天体の形状中心よりずれている。そのため、起きあがりこぼしのように、月は、そのお尻を（つまり表側を）地球に向けて、安定した状態になった末に、そのまま止まってしまったと考えられる。

ところで、探査機によって撮影された月の裏面には、ほとんど海といえるものがない。これを月の表と裏がまったく異なっているという意味で、二分性あるいは二面性と呼んでいる。こうなった理由はよくわかっていないが、いくつかの仮説は提案されているところであり、その詳細は第二章で紹介することにしよう。

月の通り道——白道

ところで、同じ満月でも、季節によって、ずいぶんと違う場所に見える。秋から冬の満月は、中天高く昇るのに対し、春から夏の時期の満月は地平線からそれほど高く上がらず、南の空低いところを動いていく。とりわけ夏の間は、気温も高く、大気中の湿度の影響もあって、満月でも赤みがかることが多い。

月にしろ、太陽にしろ、空の低いところにあると、その光が見ている人に届く経路が大気層に対して斜めになるために、大気中の塵《ちり》や水蒸気によって、光が散乱・吸収されやすい。実際、夕日が赤く見えるのは、青い光が散乱・吸収されるためである。逆に、空の高いところにある場合には、光が大気層に対して、ほぼ垂直に通過してくるので、吸収の影響がもっとも少なくなる。

中緯度の日本ではそれほどでもないが、日本よりも緯度の高い英国では、夏の満月はさらに低くなり、赤みを帯びる。そのため、英国では夏の赤い満月をストロベリームーンと呼んでいる。

このように季節によって満月の高さが異なるのは、天球上での月の通り道である白道《はくどう》が、太陽の通り道である黄道《こうどう》にほぼ沿っていることによって起きる現象である。太陽の高さは冬に低く、夏に高くなる。これは、すでに述べたように地軸が公転面に対して、つまり黄道が地球の赤道面に対して二三・四度傾いているために起きる現象である。満月は地球を挟んでちょうど太陽と反対側にあり、またおおまかにいえば、月は太陽の通り道である黄道にほぼ沿って動いているため、満月の高さは太陽とは逆の関係となる。つまり、日がもっとも高く上がる夏至の頃の満月は高度が低く、日がもっとも低くなる冬至の頃の満月は高く上がることになる。

たとえば、東京での六月の満月の高さは、真南にきてもっとも高く昇ったとしても、地平線からせいぜい三〇度程度。これは、まだ地平線に近い、まるで昇ったばかりではないか、と見間違えるような高さである。一方、一二月の冬の満月の場合には、高さは八〇度を超え、ほぼ頭の真上にまで昇る。つまり、秋から冬には、太陽は南の空低くなり、太陽の光は弱まるかわりに、逆に満月は高度が大きくなって、ほぼ天頂付近を通過する。もちろん、大気の温度が低く、透明度が増すという理由もあいまって、冬の月はますます煌々《こうこう》と輝くわけである。

ちなみに、このように月が天頂で輝く様子を「月天心《つきてんしん》」という。天心というのは、天頂のことである。与謝蕪村には「月天心貧しき町を通りけり」という歌があり、歌手の一青窈《ひとととよう》さんのアルバムタイトルにもなっている。

ところで、月の通り道である白道は、おおまかには黄道に沿っているのだが、黄道とは完全に一致しているわけではない。角度で五度ほどずれている。月の軌道面（白道面）と地球の軌道面（黄道面）が五度ほどずれているのである。そのために、月は黄道から五度ほど北に行ったり、南に行ったりする。

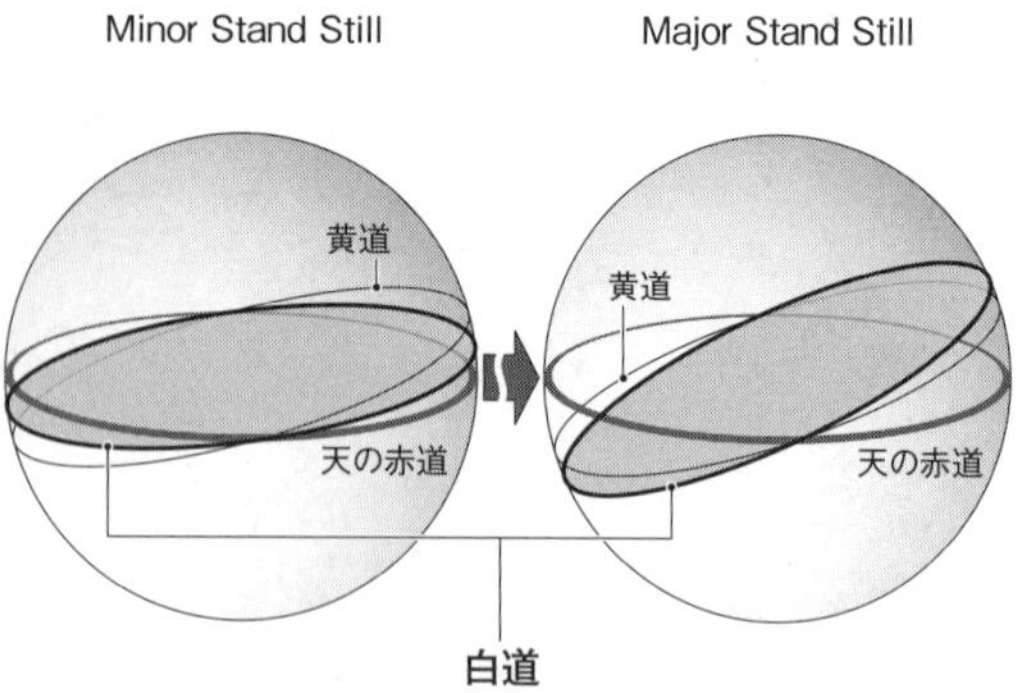

図 1-3　白道と黄道の関係図

軌道平面がずれていると、月に対して太陽の重力が影響するため、黄道面に対して、白道面は次第に回転していく。白道は黄道に対して、ほぼ一定の傾きを保ったまま、一八・六年の周期でぐるっと一周するのである。つまり、月が黄道から北にもっとも離れる場所、あるいは南に離れる場所は、一八・六年ごとに黄道をぐるっと回ることになる。黄道そのものも天の赤道（地球の赤道を天球にまで延長したもの）に対して約二三度ほど傾いているため、たとえば月が黄道からもっとも北に離れる場所が、黄道がもっとも北寄りになる場所と同じ方向になるタイミングでは、地球から見た月の位置はもっとも北寄りとなる。赤道からの角度は、黄道が離れる角度二三度＋白道が黄道から離れる角度五度の合計となり、天の赤道から二八度も北となる。白道と黄道が、このような関係になるときには、同じく月が黄道から南に離れる場所は、黄道がもっとも南寄りになる場所と同じ方角になるため、そこでは月は赤道から二八度も南寄りに位置する。

二〇〇六年は、ちょうどこの状況になっていて、この年の六月にはもっとも南の地平線に近い満月となった。二〇〇六年六月一一日の夜中、月はへびつかい座の方向で赤道から二九度ほど南にあったが、その九年前の一九九七年六月二〇日の満月は、いて座の方向にあって赤道から南に一九度しかずれていない。すなわち、一九九七年六月の満月と比べると、二〇〇六年の満月が真南に来たときの地平線からの高さは、一〇度も低いことになる。たとえば北緯三五度の東京で月を眺めた場合、一九九七年には高度が三六度あったのが、二〇〇六年はその高さが二六度しかない、ということになる。

このように黄道面の傾きに加えて、白道面の傾きが重なり、月が天球上でもっとも南北に動くような時期を英語では Major Stand Still と呼び、逆に白道面が黄道面の傾きを打ち消すような状況になる場合を Minor Stand Still と呼んでいる（対応する日本語はない）（図1－3）。この差は、かなり大きく、古代の人々もこの周期的な変化には気づいていたようである。スコットランドにあるカラニッシュと呼ばれるストーンヘンジに似た巨石遺跡は、その高い緯度のせいで、夏の月が地平線上に現われるかどうかという場所である。古代ギリシアの古文書には、「神が一九年ごとに島を訪れる」と、この遺跡のある島のことが記述されている。

日食と月食という現象

日食や月食というのは、太陽、月、地球が一直線に並んだ時に起きる現象で、太陽―月―地球となるのが日食、太陽―地球―月となるのが月食である。日食は、月が太陽を隠す現象であり、月食は、地球の影の部分に満月が入り込んで、暗くなってしまう現象である。日食は新月が、月食は満月が起こす現象である。

前節でわかるように、白道と黄道はずれている。そのために日食や月食は滅多に起こらない。満月になるということは、太陽と反対方向、つまり地球の影の方向に月がやってくる。もし、白道と黄道とが完全に一致していたら、毎回、地球の影に満月が入り込んで月食となってしまう。ところが、月の軌道平面は、黄道面つまり地球が太陽の周りを回る軌道平面に対して五度ほど傾いているため、月はほとんどの場合、地球の影の上か下を通り過ぎる。つまり、地球の影に引っかかることなく、通り過ぎてしまうことが多いのである。

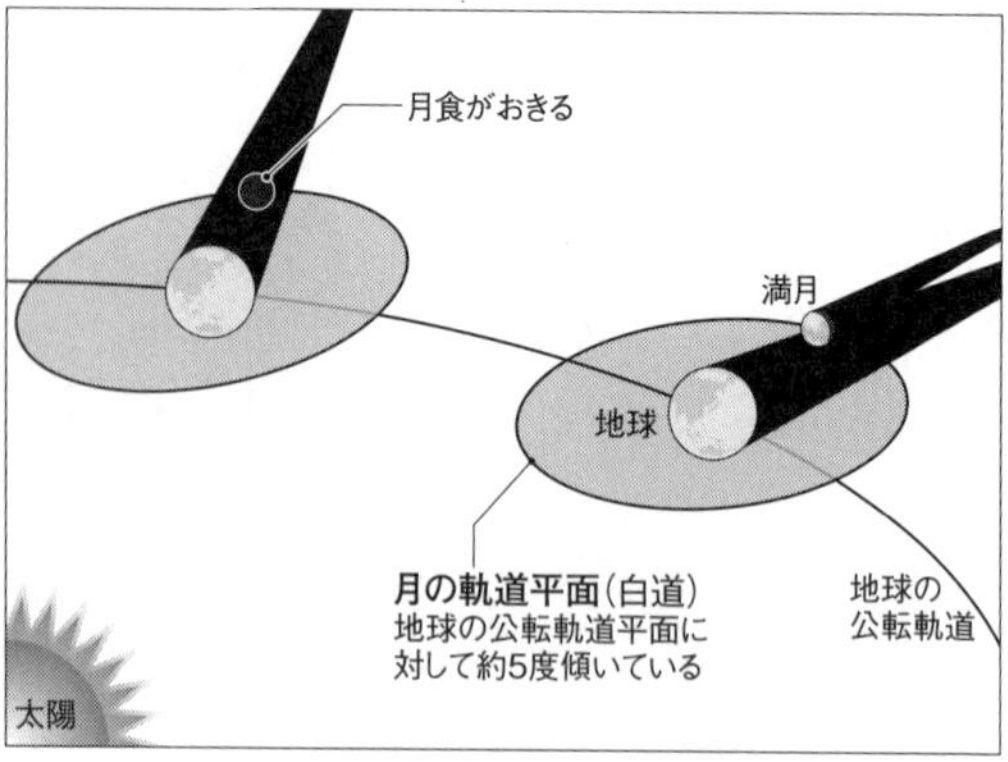

図1-4　月食が毎回起こらない理由

これを天球上で考えたほうがわかりやすいかもしれない。地球から見れば、天球上での月の通り道（白道）は、太陽の通り道（黄道）に対して、約五度傾いている。地球の影は常に黄道面上にあり、太陽と反対方向に伸びている。一方、月は白道を進むので、黄道上を進む地球の影と月とが、同時に両方の道（白道と黄道）の交差点に来なくてはならない。交差点は天球上に二か所しかないので、月食はなかなか起こらない、ということになる（図1－4）。

交差点で、うまい具合に、月がすっぽりと地球の影（本影《ほんえい》）に入り込む場合、月全体が暗くなるので皆既《かいき》月食と呼ぶ。とはいっても、地球には大気があるので、その上層部分をかすめて、強く屈折した光が影の部分に入り込んでいる。大気を通過したせいで、その青い光は吸収され、赤い光しか残らないので、皆既月食中の月は赤銅色になる。大規模な火山爆発などがあると、上層大気の塵が増えて、赤い光も吸収されてしまい、真っ暗な月食となることもある。

ところで、皆既日食の場合、太陽がすっぽりと隠されて夕闇のようになるため、印象深い現象として、しばしば古文書にも記録が残されている。『古事記』などの記紀神話に登場する「天《あめ》の石屋《いわや》戸《と》」伝説では、高天原《たかまがはら》での須佐之男命《すさのおのみこと》の狼藉《ろうぜき》に怒った天照大神《あまてらすおおみかみ》が、この石窟《せっくつ》にこもってしまったため、高天原が真っ暗になり、悪いことが起きたのを、八百万《やおよろず》の神々が相談して、天手力男神《あまのたぢからおのかみ》が再び天照大神を引っ張りだしたことになっているが、これは皆既日食に触発された物語ともいわれている。

ところで、月食は、その最中に月さえ見えれば地球上どこからでも眺められるが、皆既日食はごく限られた場所でしか見ることはできない。また、場合によっては月が太陽をすっぽりと覆い隠すことができず、月の周りに太陽の外周部がリングのように光って見えることがある。この場合を、金環《きんかん》日食と呼ぶが、どちらになるかは太陽と月の見かけの大きさによって決まる。

実は、月は地球の周りを完全な円軌道で公転しているわけではない。ややゆがんだ楕円軌道を巡っている。そのために、地球に近づいたり、遠ざかったりする。平均すると地球と月の距離は約三八万kmだが、遠いときには四〇万kmを超え、近づいたときには三六万kmを切る。その差は五万kmにも達するので、月の見かけの大きさは一割以上も異なるのである。一方、太陽の周りを回る地球の軌道も楕円である。ただ、そのゆがみ具合は月の軌道ほどではなく、すでに述べたように太陽と地球の距離は三％程度しか違わない。いずれにしろ、日食が起きる時の地球、月、太陽の距離の条件によって、皆既日食になったり金環日食となったりするわけである。

十五夜と観月――月を愛した日本人

日本人の月とのつきあいは、ほかの国に比べて親密だった、といえるのではなかろうか。欧米では、狼男に代表されるように、月の光を浴びると狂うという俗説が根強い。英語でルナティック（Lunaはもともとラテン語で月の意味）といえば狂っているという意味である。一方、日本では月に対して、あまり悪い意味での話は伝わっていない。むしろ、「竹取物語」にあるように超人の住む理想の世界として捉えていたか、あるいは信仰や風流の対象とすることのほうが多かったようである。

現代まで伝わっている代表的なものが、お月見の風習であろう。初秋の頃にお月見をするのは、満月の輝きが増すという天文学的・気象学的な理由よりも、むしろ実りの秋という植物学的・農業的な理由のほうが大きい。さまざまな作物の収穫時期、夕方に東の地平線から昇ってくる大きなお盆のような月に、天の恵みへの感謝の気持ちを感じても、何ら不思議はないからである。満月に、その収穫物を供える「仲秋の名月」、いわゆる十五夜の行事は、もともと収穫祭としてはじまっている。
お月見の風習は中国が発祥地らしく、東南アジアのほとんどの地域で何らかのお祭りとなって伝えられている。日本には遣唐使が平安時代に伝えたのがはじまりとされている。お月見はレクリエーションも乏しく電気もない時代のうってつけの娯楽であったと考えられる。もちろん、そういったことを楽しめるのは平安貴族だけだったが、観月の宴として十五夜の時には雅楽の演奏や舞などを催すなど、次第にイベント化していく。平安時代の藤原道長は、観月の楼閣を建てていたし、京都の桂離宮には月の出の方向を向いた月見台がある。月の入りよりも月の出のほうが一般には愛でられていた。

こうして定着するにつれ、次第に民間にも広まっていった。日本でのお供えものは、ススキの穂にお団子といった組み合わせが全国的に多いが、中国では月餅《げっぺい》を供え、サトイモを食べる。その意味では収穫祭的な側面が強く、実際、お団子は必ず新米を使うという地方もある。ただ、日本では主食である米の収穫時期が仲秋に間に合わない地方も多い。仲秋の名月は旧暦で八月一五日なので、現在の暦では九月から一〇月はじめ頃に相当する。

そこで日本では仲秋から約一か月後の満月少し前、旧暦で九月一三日に行なわれる「十三夜」のお月見という行事もある。この十三夜の発祥は、十五夜のお月見の頃に天皇が崩御し、その年はお月見ができなかったためという説や、十三夜の月に対応するのが、虚空蔵菩薩《こくうぞうぼさつ》であったため（後述）、真言密教や修験道《しゅげんどう》の方面から広まったという説もある。十五夜で招いたお客人を、九月一三日の十三夜に招く習わしになっていたようで、十五夜だけ観月をするのを、片見月《かたみづき》（または片月見《かたつきみ》）といって忌《い》み嫌っていたらしい。いずれにしろ、この時期になると、かなりの地域で稲刈りが間に合うようになり、米の収穫祭としてのお月見という目的が達成できることは確かである。十三夜のほうは栗名月あるいは後《のち》の月といい、仲秋の名月のほうは対比して芋名月ともいう。この時期のお月見の風習は、筆者が知る限り、日本以外のほかの国には見あたらない。本居宣長《もとおりのりなが》などの江戸時代の国学者らも日本独自の風習と考え、好んで十三夜の月見をしていたらしい。

ところで、日本は月の別名が多い国でもある。ちゃんと調べたわけではないが、月齢ごとにさまざまな別名があるのは日本とハワイくらいではなかろうか。これもお月見の前後の月に多い。たとえば、十五夜への期待をふくらませる、前夜の月を「小望月《こもちづき》」と呼ぶ。悪天候で十五夜が見えないときは、「雨月《うげつ》」とか「無月《むげつ》」と呼び、見えなくても名前を付けるところはすごい。また、十五夜の翌日の十六夜は「いざよい」と読む。いざよう、というのは古語でためらうという意味である。月齢が進めば進むほど、月の出は遅くなるので、十六夜の月は十五夜に比べて、四〇～五〇分ほど遅く昇ってくる。その遅い月の出の様子が、月を待っている貴族たちには、まるでためらいながら昇ってくるように思えたのだろう。さらに翌日の十七夜の月を立待月《たちまちづき》、十八夜は居待月《いまちづき》、十九夜は寝待月《ねまちづき》、あるいは臥待月《ふしまちづき》ともいう。それぞれ、月の出を待つ貴族たちの様子を表わしたもので、十七夜くらいなら、立っていても待っていられるが、十八夜だと月見台に座って、十九夜だと寝ころんで待っていたのであろう。ちなみに、二十夜を更待月《ふけまちづき》と呼ぶ。夜が更けるのを待って昇る月という意味である。
それにしても、昔の人は、よほどお月見が好きで、月の出をどんなに待ちこがれていたかがわかる名前である。

月に神を見た人々

江戸時代になると、十五夜や十三夜以外にも、民間信仰に端を発した、ほかの月齢の月の出を拝む風習が広まった。特定の月齢の月は、それぞれの神様に対応しており、宗教的な崇拝の対象とされていたからである。干支《えと》ごとに拝むべき神様が違うように、特定の月齢を拝むケースがある。この場合も月の出を待って拝むので、月待ち信仰と呼ばれている。

かなり前のことになるが、夏のお盆の頃、俳優の武田鉄矢原作の『二十六夜参り』というテレビドラマがあった。太平洋戦争に関するドラマであったが、その題名は日本人が月とどのようにつきあってきたかを如実に物語っている。二十六夜とは月齢二六の月が現われる日である。二十六夜の月は、季節によっても違うが深夜一時から三時頃になって、やっと東から昇ってくる船のような、三日月を逆さにしたような形をしている。このように、満月をかなり過ぎた月が出るのを待って拝む信仰が日本独自の風習として、かなりポピュラーであった。

もともとは十七夜、十九夜、二十三夜、二十六夜など、それぞれの月齢で、その対応する祭神に祈る行事であった。もっとも人気があったのは二十三夜待ちらしく、東京・多摩地区でも、あちこちに「二十三夜塔」というものが残っている。山梨県の秋山村（現・上野原市）や都留市には二十六夜山という山があり、このあたりでも月待ち信仰が盛んだったことをうかがわせる。同様の名前を持つ山は全国にもたくさんあるに違いない。これは、月待ちをしていた村から見ると、月がその山の方向から昇ってくるために命名されたか、あるいは実際にその山の山頂が月の出を待つ絶好の場所であったのであろう。

これらの月待ちは、あくまで宗教的な行事であった。たとえば、二十三夜の月は、勢至菩薩《せいしぼさつ》が対応している。この菩薩は智恵を象徴していて、智恵の光明は普《あまね》く一切の衆生《しゅうじょう》を照らし、救済すると信じられたために、月の光とうまく結びついたようだ。

また二十六夜では、月の出の時に、阿弥陀仏《あみだぶつ》・観音・勢至の三尊が姿を現わすとされた。細身の月なので、月の出の際、まず両先端が現われ、つづいて本体が姿を見せる。これを三光と称して、弥陀三尊とみていたようであるが、月の中の模様に三尊が見えたのではないか、という説もある。というのも、これだけ細い月だと、影になっている部分でも、太陽光の地球からの照り返しによって、ぼんやりと見えるからである。欠けた部分が薄明るく見える現象を「地球照」という。このため、後光に包まれたような地球照の中に阿弥陀三尊の姿が見えたとしてもおかしくはない。「月が出るときに〈後光〉がさした〈仏様〉が現われ、やがて両脇に灯明が灯り、その後に逆三日月が上がってくる」という表現は、地球照の中の模様を仏様とすれば、まさに二十六夜の月が昇ってくる様子そのものである。灯明はもちろん、細い月の南北の細い先端が山の端から昇ったところだろう。地球の大気のかげろうのせいで、ゆらめいて見える様子は、まさに灯明と考えてもおかしくない。

さて、これらの月待ちは、中国の道教に由来する「庚申待ち《こうしんま》」（庚申の夜に三尸《さんし》〈腹の中に棲むという三匹の虫〉が人体を抜け出し、人の罪過を天帝に告げるのを、徹夜して阻止しようとするもの）が、どこかで混然となったのか、月待ちの時には寝ないで待つようになった。そして、江戸時代の月待ちは宗教行事というよりも、月の出までオールナイトで飲めや歌えの宴会の日となった。江戸では七月に高輪・品川など海辺で盛んであったらしい。宴会色が強くなった月待ちは、当時の文化人には忌み嫌われていたようである。いずれにしろ、楽しみの少ない当時の人々の息抜きだったのかもしれない。

ところで、月の出を拝む行事の中で、もっとも不思議な伝承として「三体月《さんたいづき》」がある。真冬の二十三夜か、二十六夜あたりの月で、明け方前に東の地平線から逆三日月形の月が昇ってくるとき、あたかも三つの月が並んでいるように見えるというものだ。まず真ん中の月がぽっかりと浮かび上がり、続いて両側の月が寄り添うように昇ってくるともいわれるし、あるいは一つずつぽこぽこっと昇ってくる、ともいわれている。それがとても不思議な眺めであり、またちょうど三体の仏様（菩薩あるいはお地蔵様といわれる）に似ているので、これを好んで拝むわけである。

もともと三尊を拝む二十六夜とも関係していると思われるが、三体月の場合は、最後に一体になるという話になっているので、別の現象とも考えられている。

この三体月信仰は鹿児島の甑島《こしきじま》や和歌山などに伝えられているが、有名なのは熊野古道、いまの田辺市中辺路《なかへち》地区の行事で、旧暦一一月二三日、すなわち二十三夜の夜に行なわれている。旧暦一一月といえば、現在の暦では一二月から一月のもっとも寒い時期にあたる。晴れていて、風がなければ、中辺路あたりの山間部の盆地内部は放射冷却で相当に冷え込み、やや上空の山の高さにある暖かな空気と一種の逆転層を作るはずである。三体月は、こういった気象条件のもとで起きる一種のしんきろう現象と思われるが、なにしろ富山で有名なしんきろうよりも珍しいので、現代では目撃者もそれほどおらず、科学的分析に堪えうるデータがほとんどない。

風流としての月

夜空でもっとも明るくて、変化に富む天体、月。当然ながら、信仰という観点だけではなく、風流、風雅の対象としても月は多く取り上げられている。月齢ごとの名前ではなく、見え方によってもたくさんの名前があるのも、その表われだろう。

誰でも知っているのが、春の頃、かすんだ空に浮かぶ朧月《おぼろづき》である。仲秋の頃に比べれば、その輝きは穏やかで、柔らかな光となっている。「菜の花畠に　入日《いりひ》薄れ　見わたす山の端　霞ふかし…」と続く高野辰之の「朧月夜」は有名だろう。一方、これとは対照的に真冬の透明な夜空に煌々と輝く月を寒月《かんげつ》という。また、いまにも雪が降り出しそうな空に浮かぶ様子を雪待月《ゆきまちづき》という。月冴《さ》ゆ、というのは冬の季語である。

月が見える場所による言葉もある。月天心はすでに紹介したが、月が天頂ではなく、地平線に近く、山の稜線近くに見えるときに「山の端の月」や「山月」と呼ぶ。また、月の光が水面に映っているときには「水月《すいげつ》」、月が湖などに映っている場合を「湖月」、川の上の時には「江月《こうげつ》」、海上に出ている場合、あるいは海面に映っている場合を「海月」と呼ぶ（この場合は「かいげつ」といい、クラゲとは呼ばない）。

有名なのは長野県更級（現・千曲市）にある姨捨山《うばすてやま》の斜面の棚田《たなだ》に映る月で、「田毎《たごと》の月《つき》」と呼ぶ。こういった月の別名を挙げていくと、本当にきりがないほどである。また、月に関することわざや商品、お酒も多く、月を詠んだ短歌や俳句も少なくない。歌については別の書に譲ることとして、ここでは割愛するが、日本人はいかに月を愛でてきたかという証拠であろう。

そして科学的な月へ

日本人がまだまだ月を愛でて、二十六夜待ちを楽しんでいる頃、ヨーロッパでは、科学的な視点で月に挑んだ人物が現われた。その人物は宇宙を見るまったく新しい〝眼〟、望遠鏡を用いて、それまでにない月の実像を探りはじめたのである。その名はガリレオ・ガリレイである。

望遠鏡は、もともとはオランダのめがね職人によって発明されたといわれているのだが、この噂を聞きつけたガリレオは、すぐに光の屈折理論に基づいて、独自の望遠鏡を製作した。いまではガリレオ式と呼ばれている、凸レンズと凹レンズを組み合わせた望遠鏡である。さすがに後世に改良されたケプラー式などの望遠鏡に比べれば、視野も極度に狭く格段に見え味は悪かったが、新しい宇宙の世界の扉を開くには十分であった。そして、彼がその望遠鏡をまず最初に向けた天体こそ、もっとも明るく目立つ月であった。

そして彼は、完全無欠の球体と考えられていた月の表面に、山や谷といった凹凸を発見したのである。彼は太陽の光を受けて輝く部分と、影の部分の境界線に注目した。この明暗境界線とも呼ばれている場所は、月表面で考えれば、ちょうど太陽が月の地平線近くにある、つまり日の出または日の入りの場所に相当する。その境界線では月が完全に球体ならスムーズな曲線に見えるはずである。が、実際には、ほんの少し凸凹していた。そして境界線付近に、明瞭に丸い形をしたくぼみ、すなわちクレーターを見いだした。これらの発見を、ガリレオは『星界の報告』(山田慶児・谷泰訳、岩波文庫)で次のように述べている。

月の表面は、多くの哲学者たちが月や他の天体について主張しているような、滑らかで一様な、完全な球体なのではない。逆に、起伏にとんでいて粗く、いたるところにくぼみや隆起がある。

丸いクレーターについては、「それを驚異の念なしには、観察できなかった」と記し、高峰で囲まれたボヘミア盆地のようだ、と表現した。さすがのガリレオでも、クレーターのその成因を見抜くことはできなかったが、最初の観察者としては十分であったろう。時に、一六〇九年のことであった。

一方、日本人で、最初に月を科学的に観察した人は誰であろうか。望遠鏡が輸入されたのは、慶長一八年(一六一三年)で、徳川家康に献上されたものがはじめといわれている。科学のためというよりも、軍事用だったので、大名が競って輸入していたという。日本での望遠鏡の製作は、鎖国後しばらくして長崎の浜田弥兵衛《やひようえ》という人物が、「遠目鏡《とおめがね》」の技術を習得して帰国したとの記録がある。その後、望遠鏡は有力な大名には出回っており、おそらく何人かは月を覗《のぞ》いたのではないか、と推測されるが、確たる記録は見あたらない。

日本人でガリレオに負けず劣らない記録を残しているのが、近江(現在の滋賀県)の鉄砲鍛冶師である国友藤兵衛《とうべえ》であった。一貫斎または眼竜とも称し、鉄砲技術を利用して、日本ではおそらくはじめての反射望遠鏡を製作した。この自作の望遠鏡によって、天保六年(一八三五年)から翌年にかけ、太陽の黒点の変化を記録したほか、月の詳細なスケッチを残している。これらのスケッチの目的は望遠鏡の鏡の性能調査が第一だったようではあるが、ともかくガリレオの観察から二〇〇年以上遅れたとはいえ、丸いクレーターの存在などをはじめて確かめ、記録に残したことになる。

ガリレオ以後、ヨーロッパでは望遠鏡の性能向上と大型化によって、月の観測は次第に学問的な様相を見せていく。ガリレオは月には水もないのではないか、と考えたようだが、ケプラーなどは月人や、水がある海の存在を信じていたようである。一七世紀のなかばになると、月面図を作ると同時に、地形に有名人や君主の名前を付けるようになったが、その後使われなくなったものも多い。

正確さではヘベリウス（一七世紀のドイツの天文学者）の月面図が有名である。位相（月齢）ごとに異なる図面を作るだけでなく、一五〇か所もの地形が命名され、その位置も実に正確であった。その後、ホイヘンスやパリ天文台のカッシーニといった天文学の錚々《そうそう》たる面々が月面図作成に尽力し、命名も増えていった。

一八世紀になると、子午環《しごかん》（恒星の位置〈南中時刻〉を正確に計るための南北にしか動かない特殊な望遠鏡）が利用され、月面上の地形の位置が正確に決められていった。ウィリアム・ハーシェルも大型の望遠鏡で月の観測を行なっているが、一八世紀末で特筆すべきはシュレーターである。三〇年にわたって膨大かつ正確なスケッチを残し、陰影から高さを測定するなど、「月面地形学」と呼ばれる分野を確立したといえるだろう。

一九世紀になると、ベーヤとメードラーというアマチュア天文家が、実に七七〇〇個ものクレーターの位置測定を行ない、一〇〇〇を超える山の高さを測定している。そして、月の上では物理的変化はほとんど起きていないこと、そのために月人の存在については否定的であることが著書で述べられている。一九世紀後半には、シュミットがクレーターの測定数を三万に増やし、同時に一七八万分の一（直径一九〇㎝）の月面図を作成した。クレーターの成因については長い間論争があったが、月人説はともかくとして、火山説が長い間有力だった。その後、一九世紀末に隕石説が唱えられはじめると、その議論は、月表面が氷ではないかという説とともに、長く続くことになる。

一九世紀は、写真技術が天文観測に導入されはじめた時期でもある。一八四〇年頃からフランスのダゲールが発明したダゲレオタイプ（銀板写真）の写真技術によって、月の撮影が行なわれはじめた。最初の写真は、一八六三年のアメリカの天文学者ヘンリー・ドレーパーによるものとされている。月面写真集が出版されはじめた。月面図も進歩し、二〇世紀はじめの一九一〇年にははじめて直角座標による月面図が発表された。一九五九年にはアメリカのジェラルド・カイパーによって詳細な写真月面図が作成された。ただ、この頃から月面の詳細な地形の観測は本格的にアマチュアに移りはじめ、日本でも東亜天文学会が月面課を作るなどの動きにつながっている。

こうしてみると地上観測による月の科学は、ある意味でほぼ限界となっていた。地形の詳細な図面にしても大気の揺らぎによって分解能が限られること、地質学的な研究はリモートではなかなか行なえないことなどが要因である。レーダーや電波観測などの新たな手段でも、固体物質という特殊性から成分が分析できず、ほかの天体のように非常に新たな知見が得られるということはなかった。やはり、飛躍的な進展は、二〇世紀の半ば以降、何といっても直接探査によってであった。旧ソ連の月の裏側の撮影、そして無人サンプルリターン（岩石など実物サンプルを地球に持ち帰ること）、アメリカのアポロ計画の有人探査によって、月の科学は質的にも量的にも変貌をとげた、といえるだろう。

第二章●月に踏み出した人類

宇宙時代の月

前章で述べた通り、月は古来から暦を刻むものとして注目され、地上から振り仰がれる天上の世界を代表するものの一つであった。それがいまや、人類の手が届く身近な存在となり、人間の闊歩《かっぽ》する地上世界の延長として捉えられるようになりつつある。

一九六九年にアポロ計画により宇宙飛行士が人類ではじめて月面を歩いた時、「人類の偉大な一歩」に感動する一方で、「竹取物語」に代表される天上世界のイメージが汚されたような印象を抱いた人もいたそうだ。人跡未踏の大地を踏みしめたということ自体は、月面は南極点や世界最高峰などと変わりないはずだが、むしろふだん目にする分だけより身近な月には個々人に思い入れがあったのだろう。思い入れがない対象だったら素直に偉業に拍手できたのかもしれない。やはり「月」は特殊である。身近だけれども、空の彼方にあって辿り着けない。地上とは違う別世界、もしかすると彼岸に近いイメージがあっても不思議ではない。

それから三十有余年。アポロ着陸船が砂漠のような月面の写真や動画をもたらして以来、ＳＦやアニメーションにおいて月面基地やそこを舞台にした有人活動という物語設定は、ありふれたものとなった。現代の月を理解する枠組には、理学、工学、社会科学、いろいろな視点と捉え方がありうるが、少なくとも、人の手が届く存在、国交の問題や地理的諸条件でなかなか行きにくい地球上の国と近いレベルになったことは否定できないだろう。人類の活動領域が広がって、月は本当にお隣さんになったのだ。

宇宙開発のマイルストーンとしての月

宇宙とは何だろうか？　いわゆる領土の上空で国家が排他的な権利を主張する範囲が領空で、それは海抜高度一〇〇㎞までと定義されている。それより先が「宇宙」とされている。実際、地球周回軌道を回る人工衛星が、その国の主権を侵しているからその都度許可を求めないといけないなどといい出したら、とても宇宙空間を利用することができない。国や宇宙機関同士、相互に邪魔しないよう棲み分けつつ、だいじに使いましょう、という入会地《いりあいち》のような領域が「宇宙」である。英語でも空間・場所を意味するスペースという単語があてられている。

地球からの距離が遠くなるほど人工衛星の軌道周期は長くなる。重力場の形状を示す重力井戸という概念がある（図２－１）。縁のほうは弱く、井戸の中心にゆくにしたがって落ち込もうとする力が強くなっている。井戸に落ち込まず留まるためには、遠心力によって釣り合いを保たねばならない。地球の重力井戸を想定すると、人工衛星は井戸の底になるほど速く回らねばならず、遠いほどゆっくりでよい。人類が宇宙に送り出した最大の構造物である国際宇宙ステーションは、海抜高度約四〇〇kmにあって、約一時間半で地球を一周している。さらに遠く、地球の自転周期（日周期）と一致する高さは約三万六〇〇〇kmで、赤道上空の円軌道はとくに静止軌道と呼ばれている。地球の地上から見て、静止しているように見えるためである。天気予報でお世話になっている気象衛星「ひまわり」のように、地球を定点観測したり、通信を定常的に中継する軌道に向いている。そして、地球から約三八万km離れた軌道では、月が約二八日周期で回っている。さらに、その月軌道以遠を深宇宙と呼んでいる。深宇宙にまで行く人工衛星は、地球を振り切って太陽の重力の井戸に沿って回る「人工惑星」として運用される例が多い。たとえば小惑星探査機「はやぶさ」がそうである。図2－2を見ていただきたい。地球からとびだして太陽の重力井戸の外周に沿って回る人工惑星の例を示している。

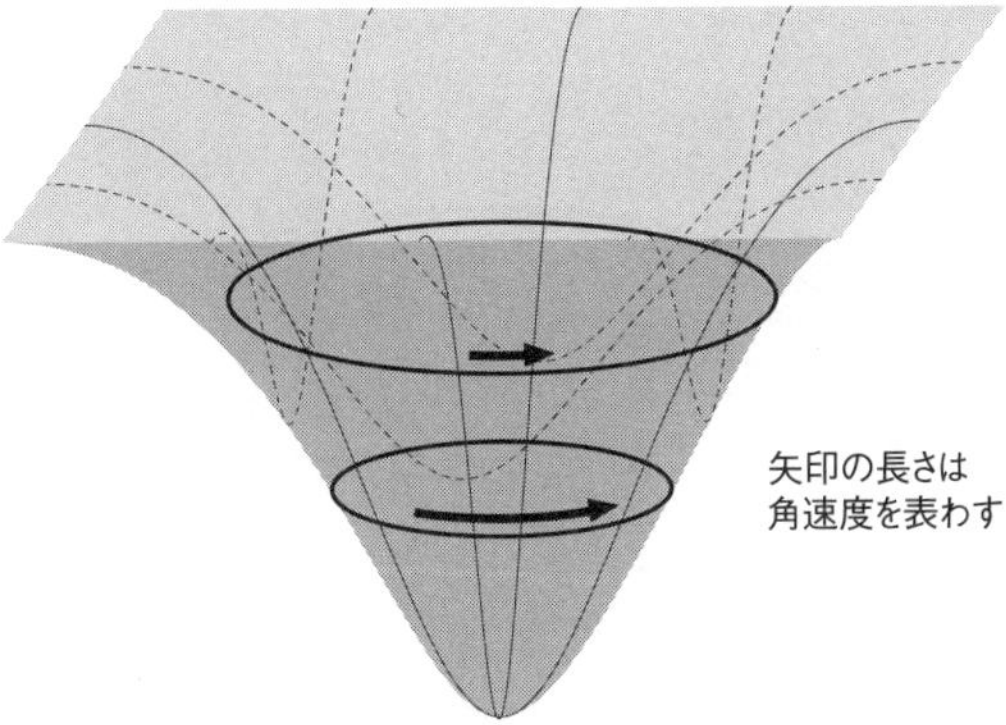

図2-1　重力井戸を回る衛星

さて、人類や人類が作り出したものが宇宙に出て行く時、地球からどれくらい離れているかはわかりやすい指標であり、工学的にも具体的な目標となる。地球周回軌道への人工衛星の打ち上げ実績、その有人版である宇宙ステーションでの長

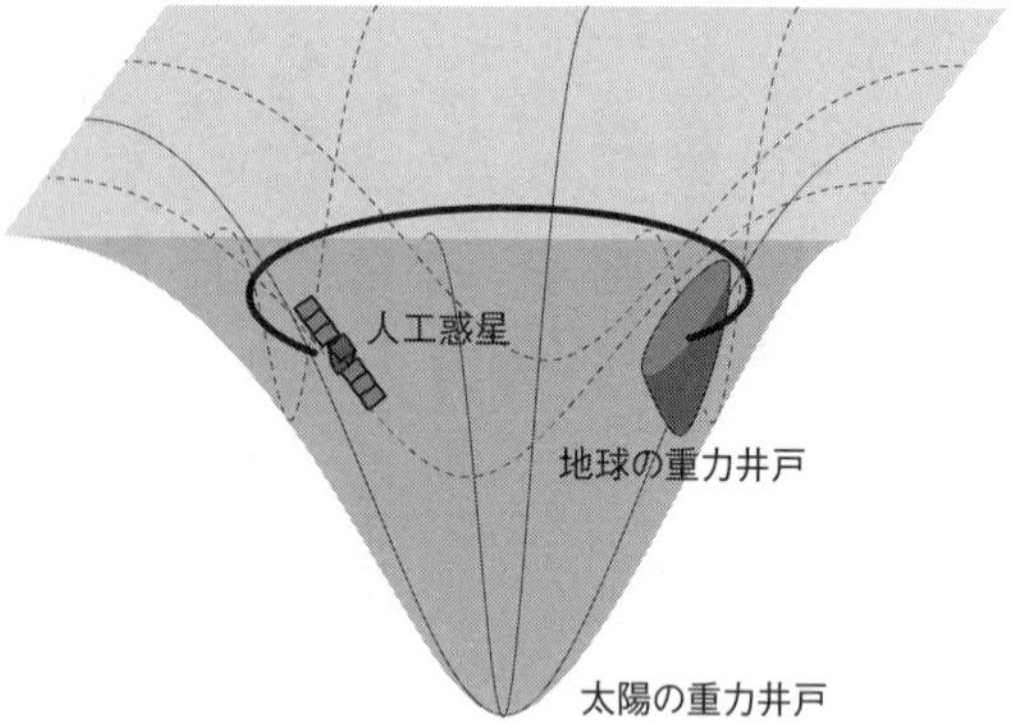

図 2-2　地球から打ち上げられた衛星が太陽の惑星になる。

期滞在実績を考えると、次のステップは、やはり月であろう。

宇宙開発は段階を追って進められる。地球からより遠くへ、無人から有人へ、地球外天体の部分的偵察・探検から全球の概査・精査へ。地球外天体へのアプローチに限って工学的難易度から順番を付けると、まず命中（硬着陸）もしくはフライバイ（側方通過）、周回軌道投入、軟着陸、再離陸（対象天体の試料回収を意味する「サンプルリターン」）、そこまで無人機で実施できたら、有人ミッションが実施できる（第七章で詳述）。

ミッション期間は短期のものより長期のものが難しく、有人宇宙活動は短期滞在からより長期滞在へとステップアップする。地上支援体制とその維持はもちろん大変である。宇宙飛行士の体が無重力へ適応しようとするのをいかに最小化して、地球に戻る際の悪影響を避けるかが大切だ。人体というシステムには、異なる環境に移るとそれに合わせて適応してゆく柔軟性があるが、有重力環境から微小重力環境に移る場合より、その逆の適応のほうが大変である。ずっと宇宙に住むなら別だが、地球に帰って来ることを前提とするならば、心肺機能などはむしろ無重力環境に最適化されては具合が悪い。試行錯誤しつつ確立されたノウハウの一つが宇宙でのウエイトトレーニングであり、宇宙飛行士の宇宙船内の運動は気晴らしではなく、体力維持という義務・仕事なのである。

これらのステップは一つも外すことはできず、前の技術の積み重ねのうえに次の技術が成し遂げられる構造になっている。月で再離陸が成功しなければ、人間を月に送り込んで生きたまま連れ帰ることはできない。月の自転周期は約一か月、二週間ずつの昼と夜がある。昼は太陽光で直接照らされ、赤道で摂氏一一〇度にまで上がり、夜は摂氏マイナス一七〇度まで下がる。そんな約二週間も続く月の厳しい夜を無人着陸機で越せない限り、人間を月面で長期滞在させえないのだ。

宇宙開発における月は、工学的にも手頃かつユニークな実験フィールドである。なんといっても、これまでの「宇宙利用」ではじめて、地球の六分の一とはいえ重力がある世界であることが特筆される。月面は、地球周回の宇宙ステーションというほぼ無重力の世界よりも人間に優しい環境だ。地球と違って大気のない高真空環境で、月の裏側に回り込めば地球からの電波雑音からも解放される。実際、電波望遠鏡を月の裏側に設置する構想も真面目に検討されている。通信の観点からも非常に近く、月までの距離三八万kmを往復する電波は、光の速度、秒速三〇万kmで割ってみても、約二秒ちょっとだ。月面ないし月周回軌道であれば無線通信のためのアンテナ指向も容易で、地球上から無人機遠隔操作による低重力高真空下の実験もしやすい。小惑星探査機「はやぶさ」をコントロールする際に、電波の往復に四〇分かかったのに比べると、かなり楽なタイムラグである。

そのため、地球周回軌道でできない深宇宙・低重力下での各種動作試験・実証は、いきなり火星など遠隔のミッションの本番で行なう前に、まず月でテストしてみる。そして、確認・確立された技術を組み上げていざ本番のミッションを実現するのが、確実性を重視した宇宙開発分野でごく普通のスタイルである。運用実績が積まれるほど、優れた技術として評価が高まり、より採用頻度が増える。民生工業製品とは違って、実績のない新技術は歓迎されないのが普通だ。

以上に挙げた技術開発のステップアップが、旧ソ連と米国の宇宙開発競争の場面でどのように実現されてきたのか。いろいろな書籍ですでに取り上げられてはいるが、簡単にその流れを見てみよう。

米ソ宇宙開発競争早わかり

まず、先行したのは旧ソ連である。世界初の人工衛星スプートニク（一九五七年一〇月四日打ち上げ）で地球周回軌道投入能力を示した。月を狙ったもののそれてしまい、結果として世界初の人工惑星となったルナ1号は、一九五九年一月に打ち上げられて月まで約六〇〇〇㎞のところまで近づいた。同年九月にルナ2号が月面に激突し、三八万㎞の宇宙空間を越えてはじめて〝向こう岸〟に届いた。同年一〇月にはルナ3号が月の裏側を世界ではじめて撮影し、一九六六年二月にはルナ9号が世界初の月面軟着陸を成功させ、同年三月のルナ10号は世界初の月周回軌道投入に成功した。

月の表側は前章の通り望遠鏡で地図が作られて以来の地名がついているが、裏側はこのとき撮られた写真で命名されたため、ロシアにちなんだ地名が目立っている。なお、並行して行なわれていた有人活動においても、当初は旧ソ連が大きくリードしていた。生物および有人の弾道軌道・地球周回軌道投入実績（一九六一年ガガーリン宇宙飛行士など）、宇宙船外活動・宇宙遊泳（一九六五年レオーノフ宇宙飛行士）の世界第一号は旧ソ連が達成している。

一九六九年の月有人着陸一番乗りで米国アポロ計画に逆転された後は、一九七〇年に無人機ルナ16号による月試料のサンプルリターンを成功させ、無人ではあったが米国よりも先に月面探査車も成功させた。旧ソ連最初の月面探査車ルノホート1号は、一九七〇年から一〇か月近く稼動し、極寒の月の夜を越えつつ一万m以上の走破距離という金字塔を打ち立てた。月の夜は一四日も続き、摂氏マイナス一七〇度にも低下するが、原子力電池で保温することで乗り切っている。アポロ計画終了直後の一九七三年、ルノホート2号を送り、四か月で約三七㎞を走破した。これらを通じて確立された軟着陸技術等は続く金星探査に生かされ、一九七五年のヴェネラ9・10号、一九八一年のヴェネラ13・14号の軟着陸成功に繫がった。旧ソ連の月探査シリーズ最後となったのはルナ24号で、一九七六年に「危機の海」のレゴリス試料サンプルリターンを成功させて締めくくった。

米国は当初はずっと二番手に甘んじた。スプートニクの成功に衝撃を受けた米国は、官民の科学技術を結集し、重点的な財政支援を行なう中核として、NASA（アメリカ航空宇宙局）を一九五八年一〇月一日に設立した。そのほか国際競争に勝つための理科教育振興や、世界中から留学生・研究者を集める体制が整備された。まずロケット開発と有人宇宙活動技術のテコ入れがなされ、有人弾道飛行のマーキュリー計画（一九五九―一九六三年）を通じて宇宙飛行士を養成、複座のジェミニ計画（一九六二―一九六六年）で宇宙船外活動・宇宙服を実証した。月着陸競走に関しては、月に命中させるレインジャー計画（一九六一―一九六五年）で月までの飛行経路コントロールと管制システムを確立し、月着陸の参考資料として高分解能写真を撮った。月周回軌道投入に成功したルナオービタ計画（一九六六―一九六八年）により、月全球の銀塩写真が撮られ、衛星の中で現像され読み取られて地球に電送された。その写真に基づく地図・地質図で、着陸候補地点が絞り込まれた。

月面軟着陸および再離陸技術、表層観察・掘削技術を実証する無人機サーベイヤ計画は、一九六六―一九六八年まで1・3・5－7号が成功し、その技術はアポロ計画の有人着陸船に活用されただけでなく、当時並行して行なわれていた惑星探査にも役立てられた。とくに、火星探査機ヴァイキング着陸船1・2号の軟着陸・現地分析の成功（一九七六年）は、サーベイヤで実証された技術に負うところが大きい。

一方、アポロ計画自体は段階を追って粛々《しゅくしゅく》と進められ、無人機による打ち上げ・着陸船・機械船試験を終えた後、一九六八年の7号で司令船の試験を兼ねた初の有人飛行を実現した。同年の8号で月周回軌道投入に成功し、月の裏側を世界ではじめて肉眼で見た例となった。9・10号で月着陸船の試験を地球周回軌道上と月周回軌道上で行ない、一九六九年の11号で人類初の有人軟着陸および月面歩行を実現した。一九七一年の15号で、旧ソ連の無人月面車に続いて有人の月面車を稼動させることに成功した。一九七二年の17号まででアポロ計画は中止された。残された大型ロケットは宇宙ステーション機能等のテストのため地球周回のスカイラブ計画に転用された。

これらの月探査競争がキックオフとなって、月の理解が大きく進歩した。月の一部ではあったが、高解像度画像や各種リモートセンシング解析、地震計等による内部構造探査によって、月表層、内部構造、月の年代について膨大な知見がもたらされた。持ち帰った岩石試料は三八一・七kgにも達し、地球に飛来した月由来の隕石とともにいまも少しずつ最新の手法で分析されている。地球上で詳細な絶対年代測定を行なえるため、月の起源と進化を地球と関連づけて議論する場が整った。

月探査ラッシュ再び

一九七〇年代のアポロ計画から約二〇年、新たな月探査計画はなかった。米国はもちろん、世界中の研究者が米国アポロ計画や旧ソ連のルナ計画でもたらされたデータや岩石試料を解析・分析し、膨大な議論が積み重ねられた。新データの洪水を消化しきるのにそれだけの時間がかかったというべきだろう。二〇世紀最後の一〇年、一九九〇年に打ち上げられた日本の工学試験衛星「ひてん」が月面に予定通り命中したり（図2−3）、日本の火星探査機「のぞみ」が世界で三番めに月の裏側を撮影したことはあったものの、再び月に向けて探査機が送られたきっかけは、科学的な要求からではなく、今度もまた国際関係の変化だった。

一九九四年に米国が打ち上げた月探査機クレメンタインは、実は冷戦終結による不要軍事衛星の転用である。偵察衛星のカメラへ月専用にカスタマイズされた多色フィルタを搭載し、可視に近い赤外線の分光画像を得るために、月に送り出された。本来は月からさらに別の小惑星観測に旅立つ

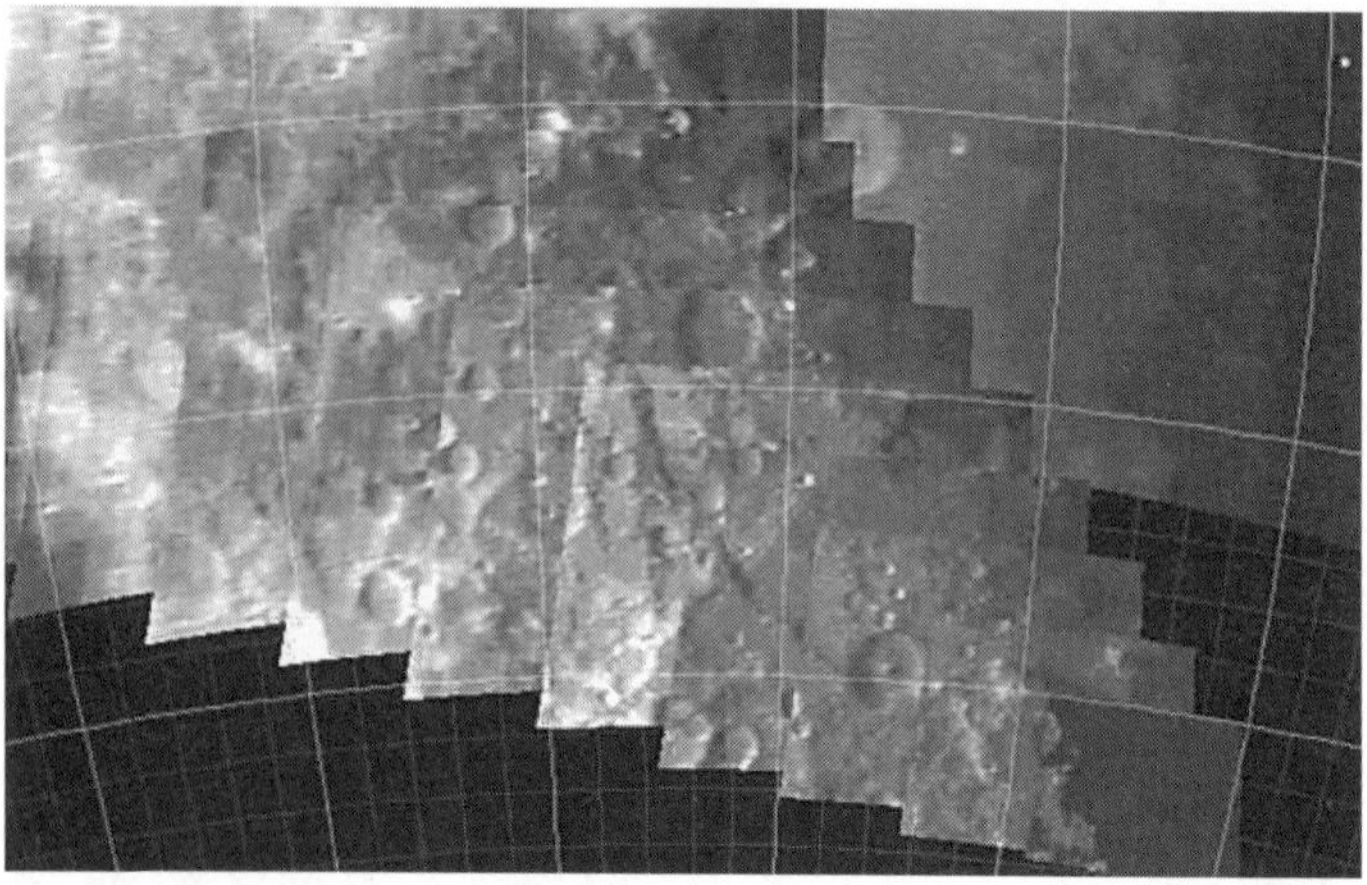

図 2-3 「ひてん」の合成月面写真図。視野が狭くなっていく右下が衝突地点。（提供：JAXA）

予定だったため、変則的に傾いた周回軌道で月全面撮像を試みた。極を通る周回軌道ではなかったため、高緯度地域のレーザ高度計による計測は不十分で、極域の地形図は画像立体視に基づいて把握されている。とはいえ、世界ではじめて月面のおおまかな形が把握され、多色カメラによって月面鉱物分布とそれに基づく岩石分布、宇宙風化についての基礎的データがはじめて全球で得られたのだ。

特筆すべき変化は、これにより月の地質を、地形だけでなく全球リモートセンシングに基づく表面組成も踏まえて議論できるようになったことである。一九七〇年代までに回収された岩石は、地上で詳しく分析されたとはいえ、やはり点の情報でしかなかった。どこからやってきたかわからない河原の石ころを一つ拾って、地球全体のことを論じるようなものだ。いえることは限られているし、不確定な要素も多い。そのため、回収された岩石試料の全体的な位置づけが、面の情報で補完されたことは画期的な進歩であった。

ちょうどこのクレメンタインミッションの直前一九九二年に、地上電波望遠鏡で水星の極域に水の氷特有の強い反射が観測された。火星の極にも水の氷があることがわかっているが、同じ信号が検出されて大騒ぎになったのだ。水星の自転軸が公転面にほぼ垂直であるため、極域の衝突クレーターの凹《へこ》みにはまったく太陽の光が射さず、摂氏マイナス二一〇度くらいに冷えた領域が存在することが計算され、その永久影であれば水の氷が長期間安定して存在しうる可能性も示された。月も水星と同様に自転軸が月・地球系の公転面に垂直で、同じように永久影が存在する可能性があったため、氷の有無を調査する必要性が指摘された。クレメンタインからの電波を極域に反射させて地球上で観測することが試みられたが、水の氷の存在は示唆されたものの、確定的なことはわからなかった。

「はじめに」で述べた通り、月面に水があると、その後の月調査・開発の展開が大きく変わってくる。月の永久影に水の氷があるか否かを確かめるべく、一九九八年に米国ルナプロスペクタが打ち上げられた。月の南北極を通る極周回軌道で、月の重力場モデルの精密化、磁場計測、一部の放射性元素の分布調査も行なった。水の氷を直接調べるのは難しいので、水を構成する水素原子の有無に絞った分布調査が中性子線分光計で行なわれた。結果、月の極域に大量の水素原子の存在が示され、すべて水であると仮定して換算すると約六〇億tという途方もない量があることがセンセーショナルに報じられた。しかしミッションの最後に、南極の永久影にルナプロスペクタ自身を落下衝突させて水蒸気が噴き上がる様子を地上観測する試みがなされたのだが、とくに何も見えなかった。月の氷の存在は、あやふやなままいまも関係者を悩ませている問題である。

欧州・アジアからの探査機

二一世紀に入ると、国際情勢は新たな局面を迎えた。米国の独り勝ちのような月探査に、欧州宇宙機関や日本、中国、インドが参入し、協調と競争が交錯する複雑なものとなったのだ。二〇〇三年に打ち上げられ、二〇〇四年に月周回軌道に乗った欧州宇宙機関のスマートワンは、工学試験用の小型衛星で、欧州勢ではじめての月探査機である。二〇〇六年夏まで約一年半の月面観測を行なった。続いて日本が二〇〇七年九月に「かぐや」を打ち上げ、同年に月周回軌道投入を成功させた。中国も同年の一か月遅れではじめての月探査機嫦娥《チャンア》を打ち上げ、同年に月周回軌道投入に成功している。二〇〇八年春現在、日中の二探査機が月を周回して観測を続けており、インドやアメリカの月ミッションも間もなく打ち上げられる予定である。

宇宙開発新興国である中国、インドは、宇宙開発そのものを国威発揚、技術力の高さを世界にアピールする材料と見なしていて、月探査はその一環と位置づけている。宇宙開発は、ネジの一本に至るまでとても裾野の広い工業活動であり、膨大な部品点数の品質管理、ハード面の技術力、ロケットや衛星を組み上げるシステム工学や情報技術、そしてそれを成し遂げるだけの資力がないと実施できない。

中国は月探査以前に、二〇〇三年に世界で三か国めとなる有人宇宙活動として神舟《シエンジュ》5号を成功させたが、米国のアポロ計画にならって一九九九年からはじまる無人実験を4号まで実施した後のものである。中国の有人宇宙活動は、それだけの技術ポテンシャルがあることを世界に強く印象づけた。国家によるテコ入れで自国産業、とくに輸出向けの工業を牽引する意味合いが強い。宇宙開発の場面で生まれた技術が民生品に移転されることをスピンオフと呼ぶが、日常に使用する身の回り品にもすでに広く浸透していることは知っておいてよいだろう。米国アポロ計画を例に取ってみれば、サングラス（宇宙服より）、浄水器（アポロ宇宙船飛行士飲料水）、医療機器・照明装置のレーザ技術（測距《そっきょ》技術）、発電技術（太陽電池・燃料電池）、ゲーム・シミュレーター・遠隔操作でのヴァーチャルリアリティ（地上試験技術）といったものがある。

宇宙開発において、月は地球周回の宇宙ステーションの次のステップとして、世界各国から注目され、それなりの投資が続けられている。月については、科学ニュースだけでなく、社会や国際関係のニュースで取り上げられる機会が増えてくる。そうした時、月の起源や歴史、地球との関係について背景・予備知識として知っていると、それぞれの狙いがわかりやすく、理解も深まるだろう。月が地球と無関係ではなく、私たちの生活や来し方行く末とどう関わっているかを、以下に述べる。

海洋膨大部が引き起こす潮汐

月が地球に及ぼしているものとして有名なものは、やはり潮の満ち引きだろう。海洋潮汐と呼ば

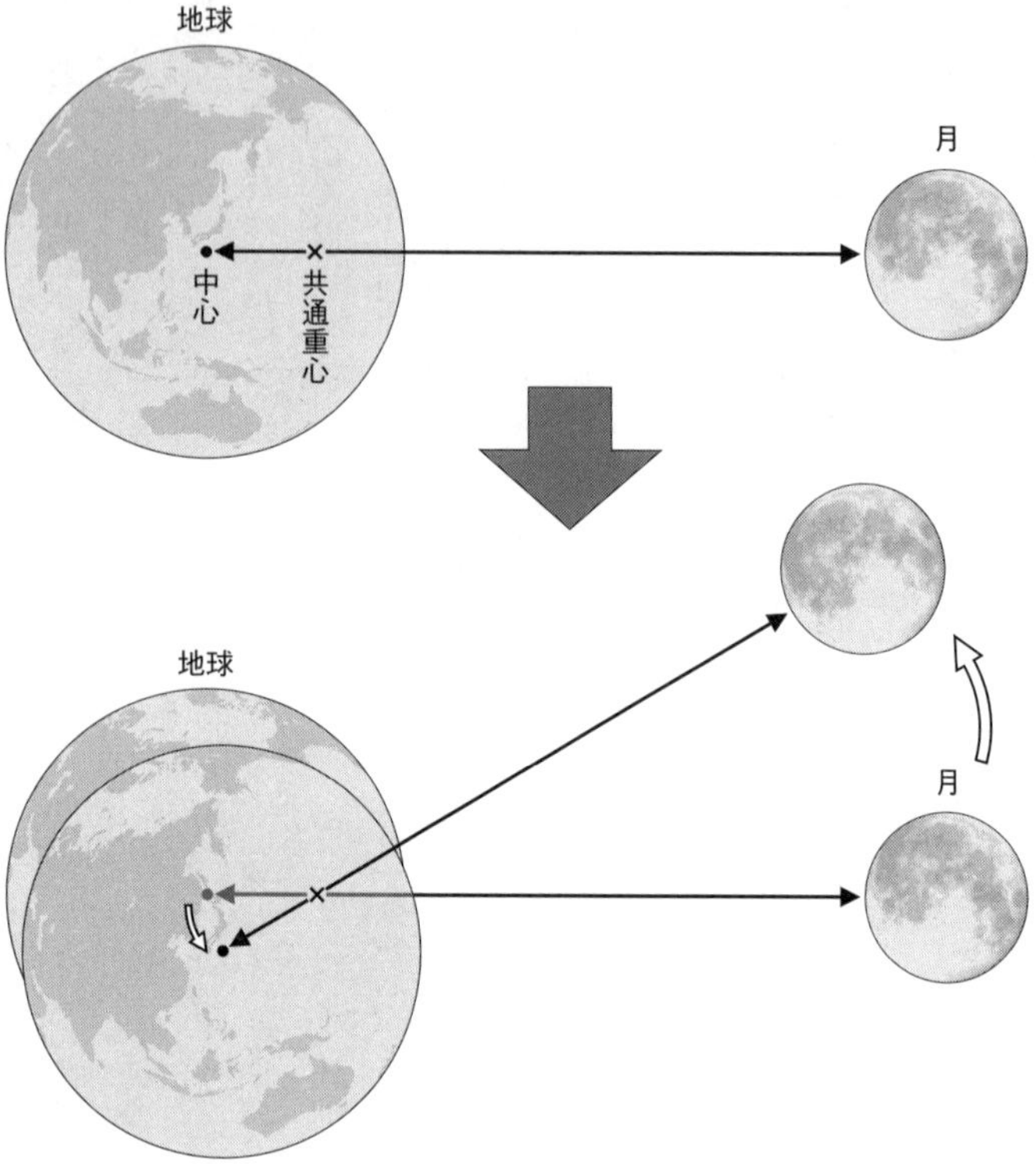

図 2-4　地球と月の共通重心が地球の中心より月寄りに形成される。この共通重心を中心にして地球が自転する。

れるこの現象は、局地的な海水面の変動と思われるかもしれないが、実は全地球規模で起きている現象だ。月と地球がある点（共通重心）を中心にして互いに回りあっているのだが（図2－4）、地球海洋の月に近い側では、月の引力と共通重心回りの遠心力の和が地球の引力に勝って、海洋が盛り上がる。遠い側では、共通重心回りの遠心力が月と地球の引力の和に勝って、やはり海洋が盛り上がる。その結果、それぞれ二方向に海洋が引き延ばされている。地球は二四時間で自転しており、この海洋膨大部の位置する経度も自転につれて移動してゆく。

ある海岸がその海洋膨大部に一致したら、そこでは満潮が観測される。月の見える側と見えない側で一回ずつ、月の運行に合わせて一日に二回生じるわけだ。満潮と満潮のちょうど中間でもっとも海水面が下がる干潮も一日に二回起きる（図2－5）。月は地球の自転と同じ向きに公転するため、毎日約五〇分ずつ、月の出や南中時刻や没が遅れてゆく。月の公転周期分の時間が経つと、一日分遅れたことになって、同じ時刻に月が昇る。干満の時刻も同じように毎日約五〇分ずつ遅れてゆくのが基本だが、実際は、内海や水路の影響により、必ずしもそうならない例もある。また、あまり知られてはいないが、海洋だけでなく地面もこの潮汐作用を受けて伸び縮みをしており、地震発生の引金になっている可能性を指摘した報告もある。

月だけでなく、太陽の引力によっても潮汐が起きる。しかし、月の約半分以下の影響力しかないため、海洋潮汐は基本的に月の運行に支配されている。太陽と月の両者の影響が重なる時を大潮、打ち消し合う時を小潮と呼ぶ。すなわち、満月や新月の時は太陽・地球・月が一直線上に並んで海

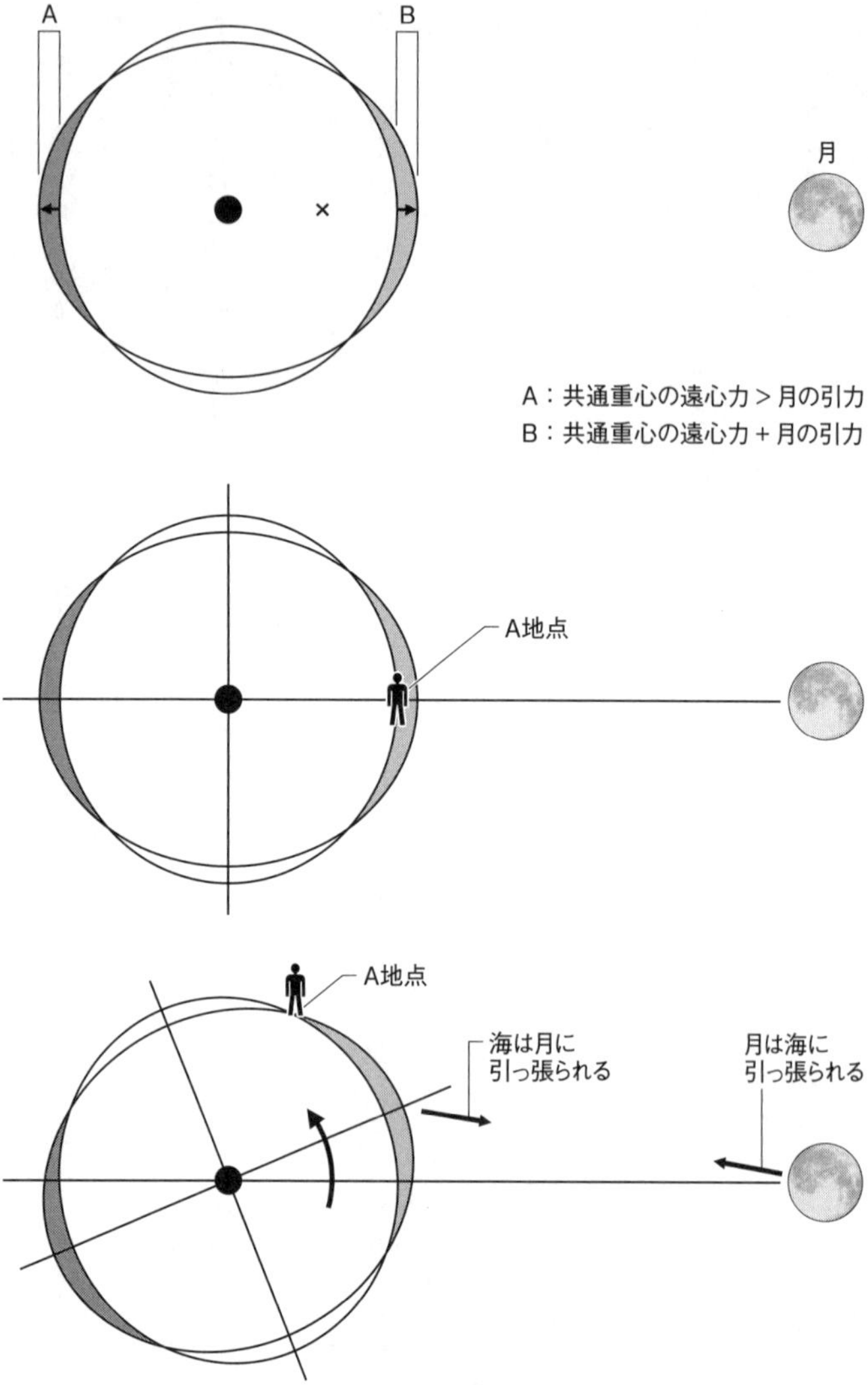

図 2-5　海洋膨大部生成のメカニズム

洋膨大部が最大となり、干満の差も最大となるが、この時期が大潮である。一方、半月が見える時は太陽・地球・月がくの字に曲がった配置となり、月と太陽のそれぞれの潮汐作用が打ち消し合って海洋膨大部が最小となり、干満の差も最小となる。この時期が小潮である。

大潮・小潮は暦のうえでは約一か月ごとに、二回ずつ起きている。海洋生物にとって、大潮は海水が大きく揺り動かされる時なので、それに乗って大きく移動し、生息分布域を拡大できる好機である。干満の差の大きい大潮にタイミングを合わせて産卵する生物は多く、サンゴやカニの例が有名だ。

この海洋潮汐は、月・地球系の過去と未来にも大きく影響する。地球の海洋底、海水と月、この三者の力学を考えてみよう。海洋底は、自転周期二四時間で一周している。ある地点に注目すると、約二四時間と五〇分おきに月を追い越す。潮汐による海洋膨大部の位置は、月の運行について回るため、同じように約二四時間と五〇分で地球を一周する。月は約二七日と八時間で地球の周りを公転している。地球の海洋底と海洋とは摩擦で繋がっていて、地球の自転が海洋膨大部よりも五〇分ほど速く回っていることから、膨大部に引っ張られた地球は海洋によってブレーキがかけられ、逆に海洋は地球によって引きずられることになる。

このため、地球の自転速度は毎年一〇万分の一秒ずつ遅くなり、海洋膨大部は地球と月を結んだ線よりも自転方向側（東側）に引きずられる。その東側にずれた海洋膨大部と月とは万有引力で繋がっていて、膨大部は自転と逆方向（西側）に引っ張られる。反対に月は常に公転方向に引っ張られて加速される（図2－5）。角速度が上がるとより地球の重力井戸を登ることとなり、より遠くを回るようになる。地球から見た月が見た目にぐんぐん小さくなっているわけではないが、アポロ計画で地球と月との距離を測定したところ、年間約三・八cmずつ遠ざかっていることが確認された。この効果は、地球の自転周期が長くなって、月の公転周期と一致するまで続くことになる。

地球はもっと速く回っていた？

逆に考えると、昔の地球はいまよりもずっと速く回っていて、月も地球にずっと近いところを回っていたことになる。一年の長さ（地球の公転周期）は変わらないから、一年間の日数が現在の三六五日よりも多かったことになる。

たとえば、数億年前の古生代では、地球の一年の日数が四〇〇日前後だったと考えられているが、これが別の証拠で示されるとより確からしくなる。サンゴは成長につれ成長輪が形成されることが知られているが、当時のサンゴ化石の成長輪を調べてみると、興味深いことがわかった。サンゴは、昼に大きく成長し、夜は成長が止まることを繰り返して、毎日一枚ずつ日輪を作る。海水温の温かい夏は成長が大きく、冬は小さいので、日輪の厚さの変化を見ることで、当時の一年を知ることができる。ほかにもまだある。満潮時に水没し干潮時に干上がる潮間帯に棲むある二枚貝は、水面下にあるときだけ成長して一日に二枚ずつ成長輪を作る。大潮小潮の違いは水位の違いとして縞模様の濃淡の違いに表われるため、注意深く読み取ると一日の長さや一年の日数が推測できる。六億年

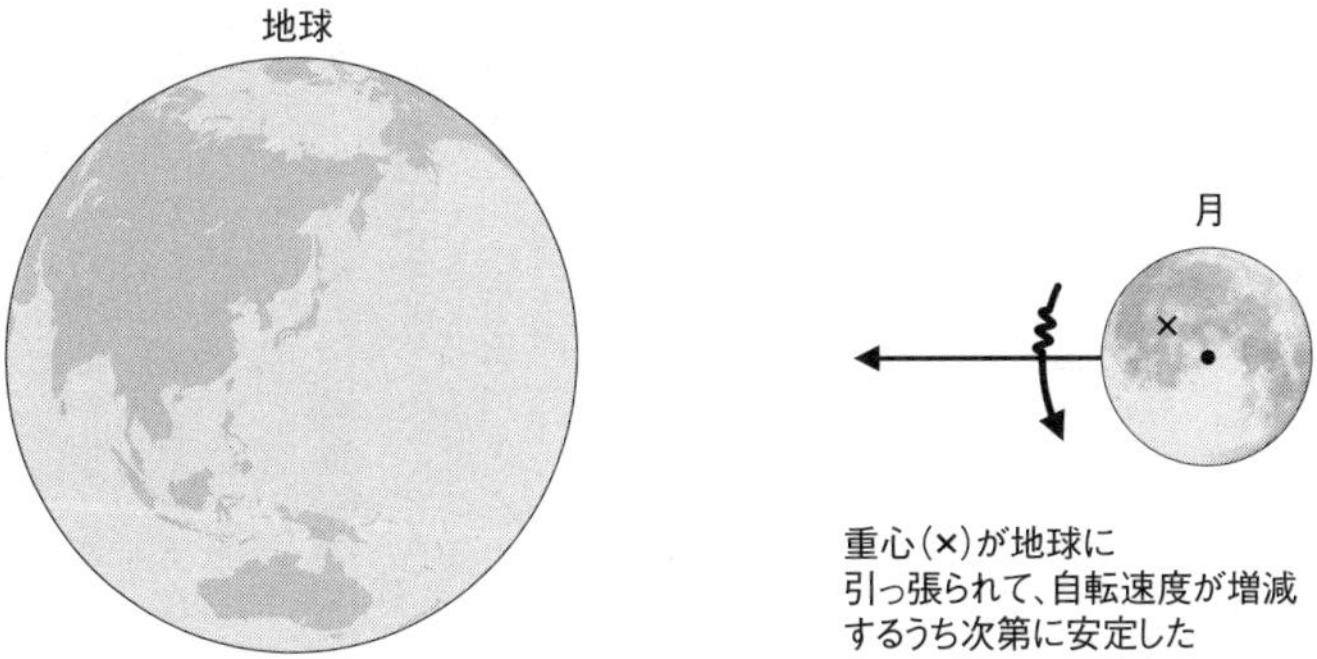
地球
月
×
重心(×)が地球に
引っ張られて、自転速度が増減
するうち次第に安定した

図 2-6　月の自転速度が整えられる。

前の、まだ海洋に多細胞生物がほとんどいなくて海底を乱すことのなかった時代の堆積岩には、潮汐で揺れ動いた海水が作った縞模様が見事に潮汐のパターンを示しているものもある。

そうしたデータを根気よく積み上げていくことで、速い自転が実際にあったことが裏づけられている。また、月が地球に近づく分だけ潮汐力が急増するので、歴史を遡るほど干満の差が大きくなる。もしかすると、海岸環境の乾湿が激しく繰り返されることが、生命の進化および陸上への進出を後押ししたかもしれない。月がもしなかったら、われわれを含む陸上生物はこれほどまでに繁栄していなかったかもしれないのだ。

一方、海のない月自体も、地球の地面の潮汐と同じく、全体が伸び縮みしている。原因は定かでないが、現在の月の形状中心と質量中心（重心）とは、約二kmずれていて、月形状中心から見た月重心は地球側に偏っている。力学的には各天体の重心に質量が集まっていると考えることで、大体の相互運動は記述できる。しかし、このずれが地球と月の両重心を結ぶ直線上に乗らないと、重心の自転と月全体の自転のリズムが合わなくなり、偏心したはずみ車のように月の運動がぎくしゃくしてしまう。この潮汐で月が伸び縮みしつつ、月の自転速度を整えた結果、月は決まった面を地球側に向けることになったのかもしれない（図2－6）。

月・地球系の角運動量の大半は月の公転運動が持っていて、それが緩衝媒体となって地球の自転軸を安定化させているともいわれている。太陽や木星といった万有引力で比較的影響の大きい天体から少しずつ乱されることで、火星では自転軸が六〇度も傾く可能性が指摘されている。もし地球でもそんなことが起きたら、気候変動が激し過ぎて生態系の進化にとっても厳しい条件となったかもしれない。月の存在が地球生命を見守り、育《はぐく》んできた可能性もあるのだ。

このように、地球と月とは、力学的に強く結合しているので、両者の歴史は互いに強く干渉しあっている。歴史を遡ると、月が地球に近づいていくということは、地球と月の起源に関して重要な示唆を与えている。次に、月の起源と、それと密接に関わる地球の起源をまとめてみよう。

太陽系形成と全元素組成

地球も月も、太陽系の一員である。その起源を語るには、われわれの銀河から話を起こさねばならない。いまから数十億年前、われわれの銀河系の片隅で、水素やヘリウムを主成分とした星間ガスが自己重力で集まり、星間分子雲と呼ばれる濃いガス体が生じた。近在の超新星爆発などの寄与

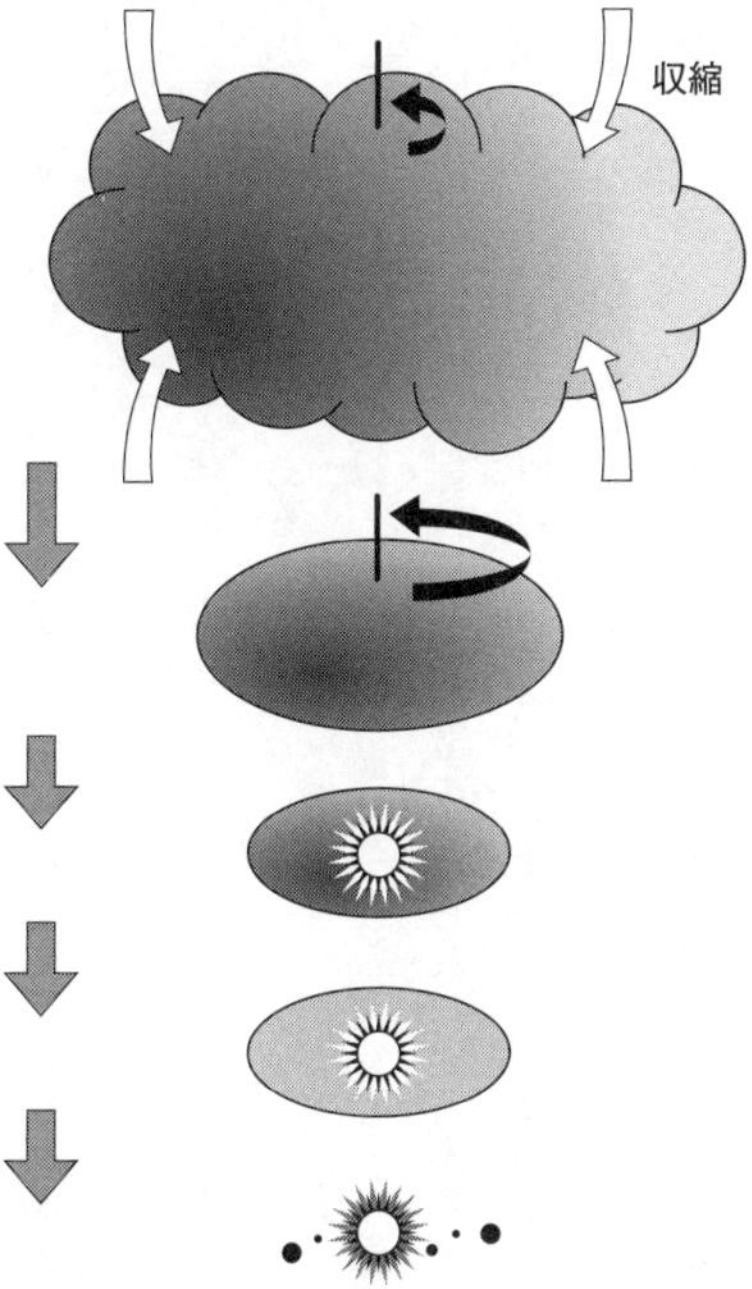

図2-7　原始惑星系円盤の形成。水素・ヘリウムを主成分とした分子雲コアが収縮して、恒星と円盤がほぼ同時にできる。（井田茂『異形の惑星』より）

で、そのガス体は分裂したり、一部は自己重力によってさらに収縮し、のちに太陽となる一つの原始星を形作った。

分子雲それ自体にも角運動量があるため、収縮して回転半径が小さくなると、原始星の周りを物質が高速で回転するようになる。その遠心力のために、原始星まで落ち込めなかった物質が円盤状に取り残され、それが太陽系の惑星たちの母体となった。その惑星の材料には、水素やヘリウムといったガスだけでなく、地球を形作るような岩石もあれば、一酸化炭素や有機物、水の氷など多種多様なものも含まれていた。太陽を回る軌道のあちこちで惑星の材料が集まり、それぞれが原始太陽系のミニチュアのような状況で原始惑星とその衛星たちが成長していったと考えられている（図2－7）。

その後、原始惑星同士の衝突・合体による集積、原始太陽系星雲ガスの散逸や集積を経て、現在の太陽系の惑星たちとそれらを回る衛星たちが生じた。準惑星・小惑星や彗星、地球に落下してくる隕石といった小天体は、現在に至るまで「惑星」になりきれず、太陽系の初期の情報を保持した化石のようなものである。

太陽系の材料物質は、集まった時に一度高温になって蒸発し、よく攪拌《かくはん》されたらしい。なぜなら、太陽系の初期情報を保持していると考えられているある種の隕石組成が似通っているからだ。とくに、コンドルールと呼ばれる球粒が含まれている始原的な隕石が、コンドライトと呼ばれて注目されている。太陽系の温度が下がるにしたがって、蒸発温度がより高い成分から先に固体となって分離されていったと考えられている。その最初の高温成分から低温でやっと生じるものまで、雑多なものが混じらずにそのまま保持されており、どこかの天体に落下して融けたりしたような段階を経たことがないと見なされているからだ。この、原始太陽系の高温ガスから最初に冷えて凝縮する元素を難揮発性元素と呼び、比較的低温で凝縮する元素を揮発性元素と呼ぶ。最後までなかなか凝縮せず気体のままでいるような、非常に蒸発しやすい水素・ヘリウム・酸素・窒素といった揮発性元素は、隕石よりも太陽や木星や土星といったガス惑星大気に数多く取り込まれているため、隕石だけからはわかりにくい。そういった元素は、太陽スペクトルの観測から求められる。こういった隕石の元素組成をすべて組み合わせることで、われわれの太陽系における全元素の量比が求められ、元素の宇宙存在度と呼ばれている。

元素には一〇〇を超える種類があるが、惑星や衛星を形作る際には密度に応じて大まかな層構造を成すことが知られている。重い金属は中心核になり、軽い岩石がそれを取り巻いて地面を成し、その外側に大気圏ができる、というものだ。それと対応させて、元素同士の振る舞いを見て同じような場所に集まるかどうかで、いくつかのグループに分ける古典的な考え方が有用である。岩石、金属にそれぞれ取り込まれやすい親石《しんせき》元素、親鉄元素。銅や硫黄と関連の強い親銅元素、蒸発しやすく大気など気相に取り込まれやすい親気元素、という分類だ。

地球の中心核は鉄・ニッケルを主成分とする金属から成っていて、いわゆる親鉄元素が集まっている。その外側にはマントルと呼ばれる膨大な岩石が積み重なっていて、親石元素で構成されている。表面の地殻には、親石元素に加えて親銅元素も見られる。そしてもっとも外側には大気や海洋があり、それは親気元素に対応している。なお例外として、親気元素の一種である酸素だけは、たいていの元素と結びついてどこにでも見られるありふれた元素である。

元素の宇宙存在度

地球や月の元素組成を比べるには、太陽系の材料物質である元素の宇宙存在度で割ると、その量比からの違いがわかりやすい。地球の組成はいくつかの元素を除いてその元素存在度と似ているので、割るとたいていの元素の値が一くらいになる。一方、月の表面組成を割ると、一から大きく外れる元素が二グループ現われる。太陽系および地球元素存在度に比べてずっと多い元素の一群と、少ない一群で、後者はさらにいくつかに分けられる。太陽系および地球とほぼ一致しているのは、マグネシウムやケイ素である。カルシウム・アルミニウム・チタンといった難揮発性元素は地球の二倍も多く、親鉄元素はやや少なく、数百ケルビンで気化してしまうような揮発性元素や親気元素はもっとずっと乏しい。

ある天体の材料物質が、元素の宇宙存在度という組成で全体としてわかっているということは、天体表層の組成を知るだけで、見えていない部分が残りの元素でできていると推定できる。これは強力な制約条件であり、組成を推定するための簡単かつ最強の武器である。たとえば、表面で見られる生成過程のわかった熔岩からは、源となるマントル物質が推定できて、ある程度深いところが何でできているかという補足情報が得られる。すると、物質収支を考えることで、さらに見えない部分が精密にわかってくるのだ。また、親石元素と親鉄元素は密度に大きな隔たりがあるため、親石元素と親鉄元素の二成分だけに注目しても、地球や月を大まかに理解することができる。たとえば、地球表層における金属の鉄・ニッケルは太陽系元素存在度に比べるとずいぶん少ない。これらは比重が重く、マントルよりさらに深く中心にまで沈み込んでいると想像できて、実際それらは鉄・ニッケルの核となっている。月全体の密度は、親石元素の集まった地球マントルと似ているので、全体として親鉄元素に乏しいことがすぐにわかる。

ここまでは元素に注目していたが、物質組成を議論するには、ほかにもいろいろなレベルがある。周期律表でも馴染みのある元素は、化学分析で取り扱える最小単位である。この元素が組み合わさって鉱物を形作る。もちろん、元素単体の鉱物として硫黄だとか自然金というものもあるが、たとえば斜長石と呼ばれる鉱物は、アルミニウム・ケイ素・酸素・ナトリウム・カルシウムが結合してできている。この鉱物が組み合わさって岩石を形作る。墓石としてよく見かける御影石《みかげいし》は、正式には花崗岩《かこうがん》と呼ばれるものだが、ゴマ塩を振ったような白い岩石である。この白い部分は石英・斜長石、黒い部分は黒雲母・角閃石《かくせんせき》・輝石《きせき》といった鉱物が寄り集まってできている。こうした組み合わさり方の階層構造ごとに組成を区別して、起源や進化を議論することができるのだ。

たとえば、玄武岩と呼ばれる熔岩は、鉱物組成が噴火した時期や場所によって異なるので、同じ玄武岩であっても鉱物組成レベルで区別して起源を追跡することができる。同じ斜長石という鉱物であっても、結晶構造上簡単に置換できるナトリウムとカルシウムの元素組成が異なることはありえて、それを区別しながら結晶化の順序を追跡したりできる。それぞれの構造から時系列で現象を並べることができ、組成の違いに基づいて化学反応系を特定できれば、どういう履歴を辿ったかを遡って調べることができる。

また、同じ元素だったら、もう違いがわからないかというと、そうではない。同位体組成を調べることで、より詳しく起源を追跡することができる。同位体というのは、同じ元素ではあるが、それを構成する中性子という成分の数が異なるものである。元素の種類を特徴づけるものは原子核にある陽子の数であり、それが同じであれば化学特性は非常によく似ている。重い同位体元素ほど化学反応速度が遅いくらいで、化学分析で分離することは難しい。しかし、質量数（陽子と中性子を足した数）は異なるので、質量分析機にかけて同位体組成を調べることができる。さまざまな化学反応を経ても起源の同一性を示すマーカーとして使えるので、地球や月、隕石の起源を論ずる時の根拠として、重要である。太陽系の各天体は、それぞれ固有の同位体組成を持っているので、酸素同位体などを用いて隕石がどの天体からやってきたかを確認することができるのだ。また、放射性元素およびそれが崩壊していく途中の元素について、同位体組成分析から形成年代が求められる。岩石や鉱物の年齢というのも重要な手がかりである。

現在までに、月の起源と進化について、いくつかの仮説が提示されてきた。しかし、その仮説が受け入れられるには、月探査により得られた知見と整合していなければならない。さまざまな仮説がそれぞれ説明するべき重要な知見について、簡単にまとめてみよう。

月の起源と進化の説明条件

まず第一に、衛星として破格の大きさと質量を持っていること。差し渡しで地球の四分の一、質量で地球の約八〇分の一というのは、火星や木星、土星の衛星を見ても対惑星の比率で一桁以上大きい特異なものであり、ほかの惑星には見られない何らかの特別な成因を考えなければならない。

第二に、地球の自転軸、地球の公転軸、月の自転軸、月の公転軸の向きに関連が見られない。軸と直交する面で考えると、地球の公転面と、地球の自転を特徴づける赤道面と、月の赤道面と、月の公転面とは皆ばらばらである。また、月・地球系が持つ大きな角運動量がどこからもたらされたのか説明できないといけない。地球と月の年代がほぼ同じであることは、放射性元素を調べることですでにわかっているが、遠ざかりつつある月の軌道進化を両者が誕生した頃まで逆算すると、誕生した頃の月は地球にかなり近いところを公転していたことになる。また、いま長くなりつつある地球の一日も、その逆算によれば当時は四時間程度と非常に短かったこともわかる。

第三に、月では揮発性元素が少ないだけでなく、揮発性物質である水やガス成分にも欠けている。月の岩石を調べても、結晶中に閉じ込められた水分子はおろか、水の一部ですら見つからない。月の鉱物が作られた時点で、水はまったくなかったのだ。また、比較的低温で蒸発するような揮発性元素に乏しく、逆にアルミニウム・カルシウム・チタンといった難揮発性元素が地球の二倍も多い。

第四に、月と地球マントルとは、密度が同じで、全岩組成が似通っていること。酸素同位体組成からは同じ材料物質でできていると考えられ、親鉄元素、とくに鉄に乏しく、月に金属の中心核があったとしても非常に小さい。

第五に、斜長岩という、月全面にわたって深く大規模に溶融してはじめて生じる白くて軽い岩石が月を覆っているが、それほどまでに融かすだけの熱源を用意できること。ただし、芯まで融けていなくてもよい。大規模に融かして斜長岩成分が抜き出された残りの岩石から、月の海と呼ばれる熔岩が生じないといけない。高地ばかりの裏と、海と高地のある表、そうした表裏の二分性を示す現在の月に、矛盾なく進化できなければならない。

月の起源四説

さて、いよいよ月がどのようにできたのか、これまでに提唱されている説を整理してみよう。大きく分けると、古典的な三つの説、兄弟説（共成長説）、他人説（捕獲説）、親子説（分裂説）、そして最近になって提唱され注目を集めているジャイアント・インパクト説の四つがある。

兄弟説（共成長説）というのは、原始地球と原始月が二重惑星のように原始太陽系で同時に成長したと考えるものである。兄弟であれば、破格の大きさであっても問題ないが、黄道面（地球の公転面）・地球赤道面・白道面（月の公転面）がばらばらというのは説明が難しい。地球組成と同じであることはよいが、揮発成分に欠けていることや全球溶融するだけの熱源については、さらなる別の要因を考えないといけない。

他人説（捕獲説）というのは、地球と月の起源は無関係で、たまたま地球軌道近くを通りかかった月が地球の重力井戸に捕獲されたというものである。いまの月を満足するような天体を、どこからしかるべき軌道で持ってくればよいだけなので、ある意味、どうとでも説明することができる。しかし、月はもともと地球重力につかまらない運動をしていたわけで、重力井戸に落ち込むには運動エネルギーを失う何らかのメカニズムを考えないといけない。そのようにちょうどよく減速する物理的メカニズムを考えることは、結構難しい。ブレーキが効き過ぎれば、地球に落ちて一体になってしまう。また酸素同位体組成で見て同一起源ということまで偶然のせいにするのは、やり過ぎの感がある。熱源についても未解決である。

親子説（分裂説）というのは、月が地球から遠心力で分裂して生じたというものである。地球のマントル部分だけがはぎ取られるので、組成の観点では満足するが、やはり軌道面の説明が難しい。そもそも、現在に至るまで保存されている角運動量でも、それだけの分裂は難しいし、熱源についても目をつぶったままである。

都合のよすぎるジャイアント・インパクト説

以上のように、古典的な三説は、何かしら問題を抱えていて、どれも違うのではないかという予感と長い論争が続いてきた。しかし、アポロの成果が挙がりはじめた後で、まさに降って湧いたように新たなアイデアが提唱された。月が惑星規模の衝突によって生じた破片からできたという、ジャイアント・インパクト説である。火星級の原始惑星が原始地球をこするように衝突したことで、両者の一部が飛び散って月になったというものだ。衝突接点の位置に応じて軌道面の問題は解決できるし、角運動量も大きく与えることができる。衝突した際の両者の金属核は地球の側に取り込まれることが数値実験からは示唆され、月がマントル物質だけでできていても不思議ではない。巨大な衝突なので、将来月になる噴き上げられた破片は、岩石も蒸発するような高温を経験し、揮発成分を失ってしまう。高温の物質が集積して月を作った時点で、全面にわたって大規模に溶融してい

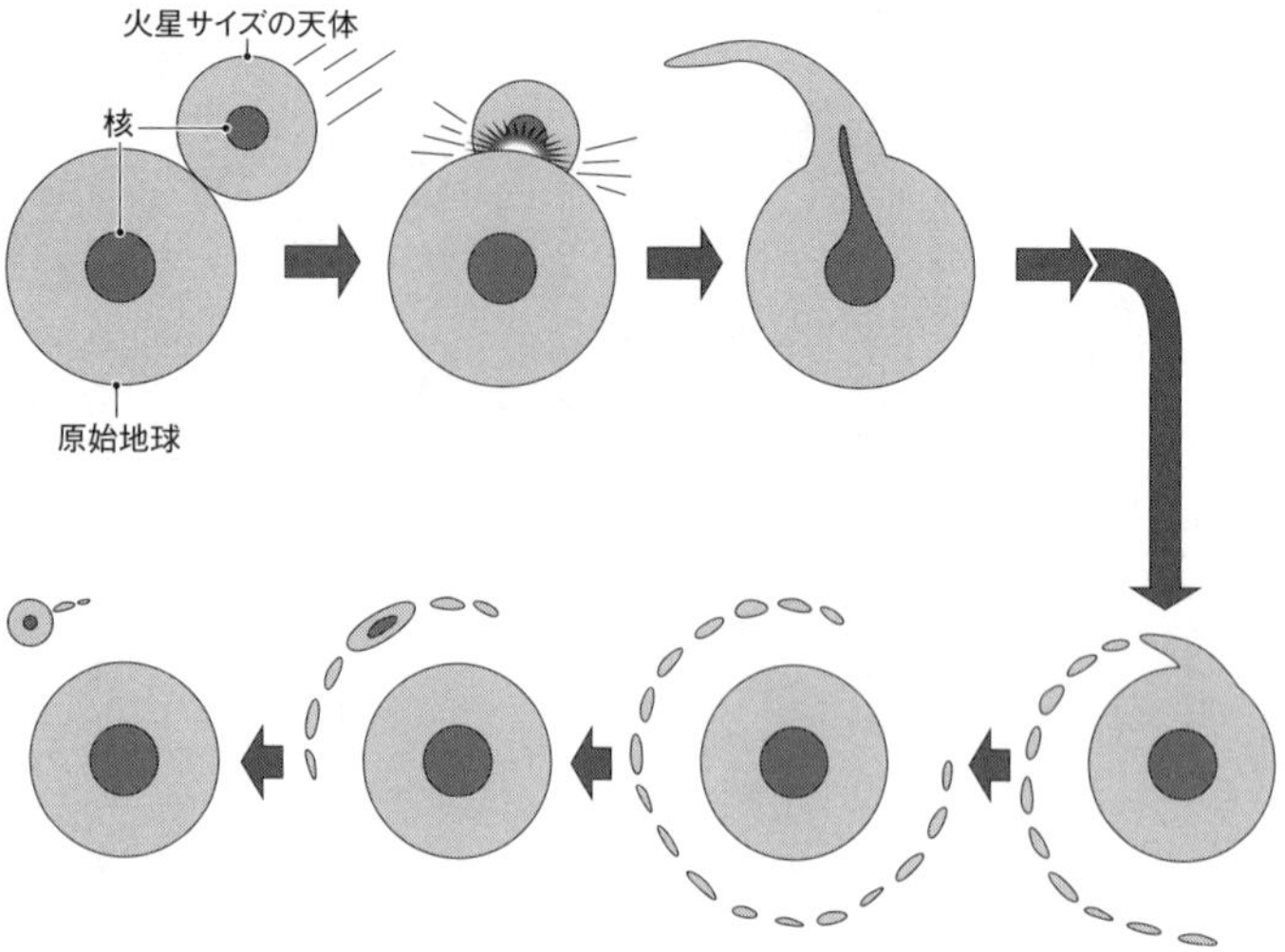

図2-8　ジャイアント・インパクト説模式図。原始地球に火星サイズの天体が衝突し、隕石の核が地球の核にのみ込まれる。隕石のマントル部と地球から飛ばされたマントル部が高温のガス状となり、地球周回部に漂いだす。次第に引力によって集積し、冷却され月となる。

るのは自然である。こう何もかもが都合よく説明できてしまうので、これこそが決定版ではないかと急速に受け入れられ、注目を集めている。日本の研究者も数値シミュレーションで大きく貢献していて、国立天文台の小久保英一朗氏の計算によれば、月は衝突から約一か月という短い時間で形成されたという描像が示されている（図2－8）。

しかし、この説に何の問題もないかというと、そうでもない。お気づきかと思うが、これは他人説（捕獲説）以上に御都合主義の仮説である。すべてを説明できるような条件で衝突したという説明なので、検証可能性という観点からは及第点が与えられない。科学の大前提として、仮説が正しいか否かを確認できるだけの予言能力のないものは、客観性に欠けるために評価されにくい。たとえば、この仮説が正しいと仮定してまだ見つかっていない具体的な事実を予言でき、別の立場の研究者がそれを発見できれば、この仮説は検証されたことになる。だが、いまある事実をいくらでも説明できるようにするために仮説の内容が変わってしまうのでは、そうした通常の手順が踏めない。消去法ではなく、この仮説でしか説明できないのだ、という決め手が欲しいのだ。

そこで、より緻密なモデルを与え、今後の月探査で検証できる項目を予言する必要性が強く指摘されている。ジャイアント・インパクト説は、そのアイデア自体を詳しく検証するにはあまりに柔軟過ぎて難しいので、むしろ逆に考えて、観測事実を積み上げていって、本当にこの仮説で矛盾なく説明できるのかどうかを詳しく検討するほうが近道かもしれない。なお、最近の研究によると、マントル物質としての類似性についていくつか問題が指摘されていて、必ずしも月マントルが地球マントルと同じとは限らないかもしれないし、月マントルが同位体組成で見て均質ではなく、未分化な領域がどこかに取り残されている可能性があるなど、現在の理解は混沌としている。詳細は次章で述べる。

比較的決着をつけやすそうな今後探査すべき項目を挙げるとすれば、大きく三つが挙げられる。一つは月の内部構造、とくに金属核の有無と、あればその直径である。核の有無は、重力場を調べたり、地球のような金属流体核の対流で生じる磁場の痕跡を調べたり、あるいは地震波で直接調べたりすることができる。ジャイアント・インパクトでどれだけの金属核や親鉄元素が月と地球に配分されるかを絞り込めれば、現在の地球と月の親鉄元素組成や核の大きさに基づいて定量的な検証が可能になるかもしれない。二つめは、月が集積したときの初期状態で、月全面が溶融していたときの深さや規模である。これがわかれば、具体的な熱量も計算できて、ジャイアント・インパクトで生成可能かどうかを判断する材料になる。もちろん、タイムマシンがあるわけではないので、その規模を推定できるような月の岩石を発見することが鍵となるだろう。熔岩は源となる組成を絞り込めるので、岩石・鉱物組成から見た月の層構造を明らかにすることができれば、その規模が把握できる。

そして、現在の月から進化を逆に辿ってその月の初期状態に矛盾なく辿り着けるかどうか、そうした進化をなすための月の内部構造とはどういうものでなければならないか、原因と結果が複雑に絡み合う月の地質学の深化が、三つめの大切な検証方法である。月の歴史を細かく紐解いて、個々に検証してゆく息の長い研究になるだろう。しかし、これこそが、「かぐや」をはじめとした本格的な月探査で手をつけ、解明すべきポイントであると考えている。

次章からは、そうした観点に立って、月の進化の歴史と地質を知るべく、月面・地殻・深部に分けて現在の理解を振り返ってみよう。

第三章●月表層・地殻を科学する

月面発光現象

月面は大気がないことから、風化や浸食が起こらず、永遠に変化のない世界と考えてはいないだろうか。実は月はいまも少しずつ成長しているし、月面は完全に静止した世界ではない。三〇年以上前のアポロ宇宙飛行士の足跡はいまもそのまま残されてはいるだろうが、少しは変化がある。

秋になると、しし座流星群などの話題が世間を賑《にぎ》わすが、この流星群というのは、遥《はる》か昔の彗星起源の宇宙の塵が、地球大気圏を落下して発光するものである。その塵が巡り続ける彗星の軌道痕跡（ダストトレイル）と地球とが接触する時期・方角に基づいて、毎年流星群出現の予報が出されているわけだが、広い宇宙での両者の出合いを予言するのはなかなか難しいようである。だが、地球と月は太陽系の中では本当に近所のお隣さんであり、地球に降って来るものは月にも衝突していることは確かだ。ここで、月がどれくらい地球に近いかを改めて示すと、地球と月の平均距離三八万㎞を一としたら、隣の惑星・金星ともっとも接近する時で約一五〇、火星との平均最接近距離と太陽までの距離が同じくらいで約四〇〇という数値となる。月・地球系において、衝突して来るものに関しては、両者でほぼ同じものと考えて差し支えない。では、地球で流星群として見えるものは、月面ではどのように見えるだろうか。

月には地球のような分厚い大気が存在しないので、大気中で発光しつつ燃え尽きるような現象は見られない。直接月面に、減速されることなく衝突してしまう。位置関係によっては地球の重力をふりきる脱出速度よりも遥かに大きい衝突速度で突入してくる。流星物質の運動エネルギーは速度の二乗に比例するので、速度の増加は、それだけ大量のエネルギーを持って衝突することになり、ごく小さい塵のようなものでも表面に衝突クレーターの穴を穿《うが》つことになる。最近、流星群が月の夜の側に衝突して発光する様子が地上で観測されており、その都度小さな衝突クレーターを作っていると考えられている。

月は、こうしていまも少しずつ質量を増やし、表面に小さなクレーターを作り続けている。アポロが持ち帰った月の岩石表面にも、顕微鏡スケールのマイクロクレーターが多数発見されていて、大気で守られている地球では燃え尽きてしまうような流星物質が月では地表に達している証拠となっている。ただ、われわれから見える月の地形がみるみるうちに形を変えてしまうほどの頻度ではなく、一〇億年スケールでやっとクレーターの縁がなだらかになりはじめるかどうか、というレベルである。アポロが置いてきた米国旗や着陸船土台などは、足跡同様にいまも変わらずあるだろうが、小さな衝突であちこち傷ついているはずだ。それでも、地球の感覚に比べたら、静止していると思われるかもしれない。

月をずっと観測していると、こうした流星物質の衝突よりもずっと大きな発光現象が見つかることがあるらしい。肉眼での観測を含めて、ガリレオの望遠鏡による月観測以前から一〇〇〇件以上の報告があり、LTP(月の一時現象:Lunar Transient Phenomena)と呼ばれている。そのうちいくつかは流星物質や隕石の落下で生じたと思われる輝きの報告であるが、ほかにも色が変わったり霞《かすみ》がかかったりするものがあるらしい。

そうした変色現象は生じる場所が限られていて、アリスタルコス、ガッセンディ、プラトー、アルフォンサス、アグリッパ、プロクラスといった衝突クレーターおよびシュレーター谷の七地点の報告が過半数を占めている。LTPの大半は際立った地形が月齢によって異様に輝くように見えるための錯覚ともいわれている。しかし、分布に地域依存性があるため、LTPの原因は月自体にあると考えるのが自然であり、月内部からのガスの放出を見ているのではないかと考えられている。滅多にないそうしたイベントの時に偶然月に観測器を向けていた例は非常に数少ないが、スペクトル観測で炭素や水素分子が検出された例がある。

また、アポロ15・16号の司令船が、アリスタルコスクレーター上空で放射性元素ラドン222由来のアルファ線を検出している。このラドン222はウラン238の放射壊変で生じた放射性の不活性ガスで、三・八日という半減期の非常に短寿命な核種である。ガスが拡散したりラドンの大半が崩壊してしまうよりも前でないと、こうした観測はできないから、当時あるいはその直前にラドン222を含むガスの噴出があったということを示唆している。また、このラドン222は崩壊してゆくとポロニウム210という半減期一三八日の放射性元素に辿り着く。アポロ15・16号は、このポロニウム由来のアルファ線も月の海の周辺で検出しており、ラドン222の噴出が海と高地の境界付近で起きていることも示唆された。LTPとこうした現象が直接結びつくかどうかははっきりしないが、月内部からの脱ガスについてきちんと調べる必要はあるだろう。

月に大気はあるのか

あまり知られてはいないが、月にも希薄な大気がある。アポロ計画後の一九八八年に、ナトリウム・カリウムといった揮発性元素が大気を形成している様子が、地上の望遠鏡観測によって発見された。さらに一九九八年には、それが太陽風(後述)で流されている様子も観測された。測定されたナトリウム・カリウムの比が月面と同じだったため、月面からもたらされたものであることは確かである。月面に近いほど濃度が高いなど、月重力に拘束されている大気としての特徴を備えたものだ。

ただし、大気圧は地球の一〇京分の一(一〇の一七乗分の一)、一㎤あたりナトリウム原子が七〇個でカリウム原子が一七個、というきわめて希薄なものである。地球の真空度には、いろいろな分類名称があるが、一㎤あたりの分子数が一万個を下回るものは超高真空と呼ばれる。月の大気は、この超高真空環境に相当するので、「月面は真空」という一般のイメージは誤ってはいない。これだけ極端に希薄な大気だと、ナトリウム・カリウムの原子同士が衝突するまでの平均自由行程は一〇万km以上となり、まずぶつかることはない。月重力に支配された放物線軌道で飛び交っているイメージである。月面からナトリウム・カリウムが叩き出される原因としては、太陽風、太陽光、前述の流星物質衝突、地表温の激しい日変化、それらの複合効果が考えられている。月面に存在する元素の中で、比較的低温・低エネルギーで蒸発しやすい揮発性元素が飛び出しやすいのは、ごく自然な現象である。

一度飛び出した揮発性元素は、月周辺を飛び交いつつ、希薄な大気を形成する。この大気と直接相互作用する因子には、太陽由来のものと、地球由来のものとがある。太陽からやってくるものには電磁波とプラズマがあり、前者の可視光部分をわれわれは太陽光として仰いでいて、後者が太陽風と呼ばれる荷電粒子の流れである。地球由来のものは、地球磁場が太陽風によって吹き流され、たなびいたものである。これらが月の希薄な大気を太陽から遠ざかる方向に押しやり、たなびかせて、少しずつ月の大気を散逸させていることがわかってきた。しかし、メカニズムとその効率にはまだよくわかっていない部分があるため、月が形成されて以降、どれだけのナトリウムとカリウムが失われたのかははっきりしていない。月の岩石や鉱物中の揮発性元素は、宇宙元素存在度に比べて欠乏しているので、それらが形成された頃からナトリウム・カリウムも欠けていることは間違いない。月という天体からの揮発性元素の四五億年分の散逸は、月全球組成を考えるうえではそれほど影響がない可能性もある。しかし、そういい切るには月・地球系と太陽との相互作用をよく理解し、月の歴史を通じた全体の物質収支を考える必要があるだろう。

月面から飛び出すものは、揮発性元素の原子だけではない。これも意外に思われるかもしれないが、塵が飛ぶのだ。もちろん、風が吹くわけではない。飛ばすのは電気の力である。月面には太陽の強い日差しや宇宙放射線などが当たって、塵表面の原子から電子をはぎ取ってしまう効果があり、塵の粒子はプラスに帯電してしまう。塵の直径が小さいほど表面積と体積の比は大きくなるので、細かい粒子ほど帯電しやすく、質量も小さくなって周囲の電磁場の影響を受けやすくなる。

塵の浮遊で重要な役割を果たすものは、月面の電場である。いま述べたように月面で日が当たっているところは、日陰に比べて正に帯電する。ちょうど昼夜の境界線上でもっとも電位の差が大きくなり、これが自転にしたがって月を巡りつつ場所場所で電場の強度が増減することになる。この電場に沿って細かい塵が投げ上げられると考えられている。もともとこのような現象が予言されていたわけではなかった。米国の月探査ミッションを通じて、月の上空で塵が太陽光を散乱しているような写真が撮られて、それを説明できないかと考えられたものである。その後、月と似たような表層環境である小惑星表面で、細かい塵の移動によると思われる地形が見つかった。高真空・低重力下の静電気力による塵の運搬という現象は、太陽系ではごく一般的なものであるという理解が広まりつつある。

ちなみに、月にも磁場はあるが、地球の磁場とは様相がだいぶ異なっている。地球の場合は、中心の金属流体核の対流によって磁場が発生し、地球表面にまで染み出してきている。こうした磁場の発生機構をダイナモ作用と呼んでいる。方位磁石は北を指すN極と南を指すS極とがあるが、異なる極性が引きつけあうので、地球は北がS極、南がN極となっている。地球上いたるところでこの地磁気が使えることはよく知られているが、月の磁場は月全球に広がったものではなく、非常に限定された場所でだけ磁気を帯びていることがわかっている。つまり、地球のように月全体が大きな磁石になっているのではなく、あちこち斑状《まだらじょう》にいろいろな向きで磁石が月面に埋め込まれているようなイメージである。

こうした局所的な磁場は、もちろんダイナモ作用で生じるものではなく、何らかの原因で局所的に月面が磁化したものと考えられている。衝突現象で生じたプラズマは電荷を帯びていて、それが動くと強い電流と同じ働きをする。電流が流れると磁場も発生し、それが、月面に刻みつけられた可能性も指摘されている。しかし、必ずしもクレーターの近くで見つかるわけではなく、その原因はよくわかっていない。遥か昔、月の中心核でも地球と同じようにダイナモ作用が起きていれば、当時の磁場を保存・記録しているものも含まれている可能性がある。月面の局所磁場を詳しく調べて整理することで、新しい発見があるかもしれない。

月土壌の起源

月表層は、レゴリス（regolith）と呼ばれる土砂で広く覆われている。レゴリスとは最外層を覆う岩石の意味であり、月以外の天体でもそう呼称されている。この定義だと、アポロが地球に持ち帰った岩石試料は、大きめの岩まですべてレゴリスとなってしまうが、一般的には非常に細かく破砕された砂や塵、土壌（ソイル）のイメージが強い。アポロでは岩と細かいレゴリスというように、区別した使われ方をした。月には常に宇宙塵が降り注いでいるが、それがレゴリスの起源ではない。前述の通り、塵本体は高速で飛び込んできてクレーターを穿って蒸発してしまうのが大半である。レゴリスそのものは衝突現象で、もともとあった基盤岩が砕かれ飛び散った破片として生じたものだ。衝突で飛散する物質は、イジェクタと呼ばれる。イジェクタには、砕かれた岩片以外に、高温で融けた物質が飛散中に急冷されてできたガラス球も含まれている。地球の砂は風化や摩耗で丸みを帯びているか、あるいは非常に硬い鉱物の場合は、結晶そのもので存在している。一方、月のレゴリスは砕いて割れたままの非常に尖った砂を地球よりも多く含み、摩擦が大きくあちこちに引っかかりやすいという特徴がある。それが、月面に長年降り積もって、現在のレゴリス層を作っている。

レゴリス層の深さは、場所によって大きく異なる。飛散させた衝突クレーターに近いほど厚いイジェクタが、遠いほど薄いイジェクタが、もともと堆積していたレゴリスの上に積み重なる。斜めに飛んでくるイジェクタは着地した後も勢いで水平に流れるので、吹きだまりのように局所的に厚く堆積することもある。もっとも浅くさらさらしたレゴリス土壌の層の厚さは、少なくとも数十㎝から数十ｍくらいはあるとされ、古い場所ほどイジェクタが積み重なった結果として厚くなっていると考えられている。レゴリスの下には、度重なる衝突でヒビが入って空隙《くうげき》が生じた基盤岩、メガレゴリスがあると考えられている。レゴリスからメガレゴリスへの遷移は必ずしも明瞭な境界があるとは限らず、むしろイジェクタ堆積層同士の境界のほうが明瞭かもしれない。後で詳しく述べるアポロの地震波探査では、表層一㎞ほどを地震波速度の遅いレゴリス層と解釈しているが、空隙が多くて地震波を強く散乱する物体という意味で、レゴリス層とメガレゴリスとは明確な区別がなされていない。さらに、研究者によっては厚いレゴリス堆積物をメガレゴリスと呼ぶ時もあり、文脈上どんな意味で使われているか注意を要する。また、レゴリス層の空隙率は自重で詰まっていくと推定され、月の場合は深さ一一㎞で空隙率が二%を切る指数関数モデルが近似としてよく使われている。

月も深いところは温かい。レゴリスが積み重なると、結果として地下深く埋もれて加熱されることになるし火山活動や衝突で生じた熔岩に接触したり、そもそも衝撃で強く圧密されたりすると、粒子同士が接着され空隙も詰められて、砂だったものが固結して岩になると考えられている。尖った岩片、角礫《かくれき》が多く含まれているので、もともとレゴリスだったものが固結した岩石を角礫岩と呼んでいる。地球上では火山噴出物が自身の熱で固結した火山角礫岩や、崖《がけ》が崩落して埋もれたまま固結した崖錐《がいすい》角礫岩など、特殊な条件でしかできない岩石だが、月ではごく一般的に見られる岩石である。この角礫岩がさらに砕かれてまたレゴリスとなる、そうした循環もごく当たり前に起きている。

レゴリスの微粒子は、形状が非常に尖っていて摩擦が大きいことに加えて、先に述べた通り帯電しやすく静電気力で付着しやすい。地球の地下の間隙には水が含まれていて、一度帯電しても電荷をすぐに逃がす（文字通りアースする）ことができるが、月には水がないため、逃がすことができず、一度付いた塵はなかなか拭き取れない。月面で行動したアポロ宇宙飛行士の宇宙服や月面車には、帯電した月レゴリスが大量に付着してしまい、苦労したことが報告されている。

レゴリス層の光学的特徴

月面では、こうした引っかかりやすいレゴリスの粒子が、ふんわりとパウダースノーのように積み重なっている。アポロ宇宙飛行士の足跡や月面車の車輪跡は、この軟らかい表層を押しつぶすことで、非常にくっきり見えている。表面のきめの細かいレゴリスを拡大して詳しく見ると、粒子が塔のように積み重なっていて、粒子直径に比べて非常に大きな起伏を示している。このことが、衝効果（オポジション効果）と呼ばれる、月面でとくに目立つ反射特性を示す原因となっている。衝とは、太陽—地球—対象天体と一直線に並ぶ位置関係を指していて、たとえば、地球から月を見た場合は太陽を背にして満月となる空間配置である。月の衝効果とは、満ち欠けの割合と月の明るさが比例せず、満月の時に強い増光が見られる現象を指している。

この衝効果の主な原因は、分解能よりも小さい起伏がある表面について生じる、幾何的なものである。衝の位置関係で、太陽を背にして対象を見た時は、起伏の作る影が起伏自身の背後に隠れて観測者からは見えない。一方、太陽を背にしていない時は、起伏の作る影の部分が観測者から見えるため、その分だけ暗くなってしまう。その意味で、衝の時に増光が見られるというよりも、衝の時以外は起伏に応じて暗くなる効果と呼ぶべきかもしれない。どんな物体表面にも起伏はあるため、光源と対象物と観測者との位置関係だけが本質的である。また、起伏があればよいので、レゴリスだけでなく、ざらざらした岩石表面でも同じ現象が起きる。

レゴリス層のほかの光学的特徴としては、その細かい起伏のある表面ゆえに、太陽光を散乱する度合が非常に強いことが挙げられる。実は、球体の月が空で見上げると平板にしか見えない理由は、この強い散乱特性のためである。もし、月が灰色のペンキで塗った球だったら、満月の時に見上げると、月面で太陽高度が低い場所、円形の月の周縁部が暗く見えて、立体的な球として見えるだろう。しかし、どんな方向から光が射し込んでも、四方八方に同じように散乱してしまう性質を持っていると、太陽高度が変わっても、どこから見ても、同じ明るさで見えることになる。そのため、周縁部が暗くならずに、まるで煎餅のような平板さと錯覚してしまう。「出た出た月が　丸い丸いまん丸い　盆のような月が」で御存じの方も多い文部省唱歌「月」は、たしかに見たままを歌っているのだ。

レゴリス層は、細かい粒子が多いために、岩石に比べて表面積が非常に大きい。このことは、活性炭のように表面に物質を多く吸着できることを意味している。実際、月面に吹きつける太陽風成分、水素やヘリウムがレゴリス層には蓄えられていると考えられている。これらは月面開発における資源として注目されている。何といっても、重機でレゴリスを集めてきて加熱するだけで分離することができる容易さが魅力的だ。

レゴリス層と宇宙風化

この吸着水素は、実は月面の風化作用にも一役買っていると考えられている。地球上では、風化というと水や酸素と化学反応することで表面がもろく変質することを指すが、月面上の風化は変質現象という以外に共通点はない。宇宙風化と呼ばれるこの現象は、光学観測で認識される暗色化現象を指し、何らかの光を吸収する物質や構造で生じていると考えられている。

たとえば、流星物質の衝突でレゴリスの一部が一気に加熱された時に、吸着された水素を還元剤として効率よく金属鉄微粒子を生成することで生じる。ただし、衝突時に発生する高温だけでも金属鉄は生じうるので、水素の存在は必須というわけではない。こうして生じた金属鉄は可視光を吸収して黒く見えるため、宇宙風化作用を受けた月レゴリスは新鮮なものに比べて暗くなる。

また、流星物質の衝突で加熱されたり衝撃を受けたりすると、鉱物の結晶構造が乱される。宇宙風化作用では、これによりほかの影響も生じている。反射光を波長別に分解してそれぞれの強度を示したものを反射スペクトルと呼ぶが、そのスペクトルの特徴が崩れて物質の決定が困難になる効果や、スペクトルの短波長成分が長波長成分よりも反射率低下が急速に進む効果である。さらに、衝突で融解したレゴリスの液滴が飛散しつつ急冷されてガラス玉になったり、その液滴ガラスで結合したレゴリス粒子であるアグルチネートという物質が生じたりする。この結晶構造を持たないガラスも広範に光を吸収して反射率低下に大きく影響する。可視光では長波長側が赤であるため、長

図3-1　チコクレーターに見える放射状の光条（提供：NASA）

波長成分が相対的に明るくなる効果を、とくに「赤化」と呼んでいる。月面のレゴリスは風化が進んでいて、みな強く赤化したスペクトルを示すのが特徴である。

なお、月レゴリス層は小さな衝突によって耕されているため、レゴリス層が厚いほど宇宙風化が進んだ物質が隕石衝突で深くまで攪拌され、希釈される。そのため、ある程度古くてレゴリス層が厚く成長した領域では、平均的にはなかなか風化が進まないように見える場所も生じる。また、表面が一番風化しているので、衝突クレーターによる掘削や崖の崩落で新しい物質が表面に現われると、宇宙風化を受けていない分だけ明るく輝き、スペクトルで見ると青みがかって見えることになる。月の新しいクレーターには光条と呼ばれる白い筋状の線（図3－1）が四方八方に伸びている様子が見られたりするが、その正体はこれである。

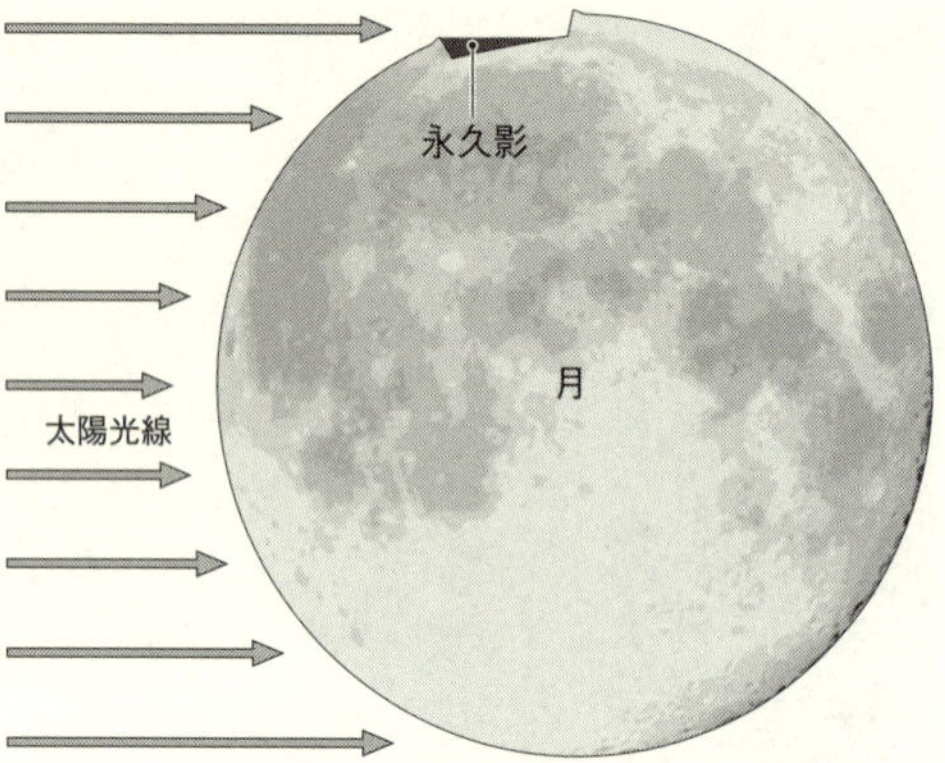

図3-2　クレーター内部の永久影の概念図

流星物質には金属や岩石ばかりではなく、彗星物質として水の氷を含むものもありうる。月面に衝突すると、水は水素と酸素に分解されたり、水蒸気分子となって月面を跳ね回ることになる。分解された水素と酸素は月の引力に捕らわれずに飛び去ってしまうが、水蒸気は重いだけにすぐには逃げられない。しかし、太陽光が強いために、それほど時間がかからずに、やはり分解されて同じ運命を辿ってしまう。もし水蒸気が、分解される前に日の光が当たらない、どこか安全な場所に逃げ込むことができるようなら、月面上で水を蓄えることができる。

　そのような場所が月面にあるかといえば、たしかに存在する。一つは南北極の永久影、もう一つは月面のあちこちに開いている熔岩チューブの洞窟である。前章でも述べているが、月の自転軸が地球の公転面に対して垂直であるため、極域にあるクレーターのいくつかには一年中太陽光が射さない場所があって、それを永久影と呼んでいる（図3－2）。後者は、熔岩流表面だけが固結して、その後に中身の熔岩が流れ去って空洞を成したものである。隕石衝突によってその天井部分が崩落し、断続的な川のように見える地形や、洞窟の口として見えている。月レゴリスは断熱性にすぐれているので、日の光が入らない表層レゴリスに守られた洞窟は、水を蓄える冷暗所として機能しうる。ちなみに、月面開発においてレゴリス層は理想的な断熱材であるだけでなく、放射線遮蔽《しゃへい》材であり、建築材でもある。熔岩チューブそのものも、多少改造することで月面基地の一部として使えるという検討もなされている。

大きく異なる月の表裏

月がいつも同じ面を地球側に向けているということは知られているが、表と裏とで大きな違いがあることまではあまり知られていない。月の裏側は地球からは見えないからだ。月の表裏が大きく異なることを、月の二分性と呼んでいる。

月の表側には、ウサギの模様部分の黒い「海」と、地となる白い「高地」が見られる。この黒い部分は玄武岩と呼ばれる黒い熔岩から成り、白い部分は斜長岩と呼ばれる白い岩石から成っている。海の領域は望遠鏡で見てすぐわかるとおり、平坦で衝突クレーターも少なく、海にたとえられて命名された。実際は、低地をさらさらした熔岩で広く埋めつくした結果の地形である。海は海でも、熔岩の海である。一方、高地の領域は衝突クレーターがたくさんあって起伏に富んでいる。平坦な海よりも高いので、「高地（Highlands）」と呼ばれている。

月の裏側は、表とはうってかわって、海がほとんど見当たらない。どこも見た目は単調な高地ばかりで占められている。月表面で黒く見える海が占める面積割合は一七％しかないのだが、月の表側の地球正面側に偏っているために、見かけ上もっとありそうに感じてしまう。もちろんこれは前述の月が平板に見えるということと組み合わさった錯覚である。正面中央の模様の占める面積は、月周縁部、地球から斜めに見える場所の面積よりも大きく見えてしまうのだ。なお、月の海の中には、高地物質で覆い隠されて表面に見えなくなっているものも存在する。「隠れた海」もしくは「埋もれた海」、クリプトマーレなどと呼ばれている。いま見えている月の海よりもずっと古くて、その後の衝突で生じたレゴリスに深く埋められているともいわれている。覆っている物質が衝突クレーターで貫かれ、部分的に下が見えてきてはじめてわかる。最近、月のあちこちでこうした隠れた海の存在が指摘されるようになり、もしかすると海の分布の偏りについては、「現在はっきりと見える海の分布に偏りがある」と書き換えられるかもしれない。

斜長岩質地殻の謎

月全球にわたって見られる白い斜長岩は、非常に興味深い岩石である。月の斜長岩質地殻の厚さは表側で六〇km、裏側で一〇〇kmと異なる値を示し、これも表と裏が違うという二分性の一つである。いずれも地球の地殻よりずっと厚い。斜長岩を構成する斜長石という鉱物は、マグマよりも密度が小さいために、マグマから析出すると浮いてくる。その浮いた鉱物が集まって月表層の斜長岩質地殻を作ったという考え方がある。しかし、これだけの大量の斜長岩を作るためには、都合二〇〇kmは月表層が全面で融けている必要があり、それだけ一度に融かす熱源が何であったかが大きな問題だ。アポロ以来、熱源の問題はとりあえず脇においておき、広く受け入れられるようになったこの見方は、マグマの大洋仮説と呼ばれている。なお、斜長岩は地球上でも見つかるが、大規模なものは始生代もしくは太古代と呼ばれる、いまから約三八億年前から二五億年前の時代に特徴的である。月と違って地表ではなく地下深くで作られた岩体として発見されていて、その成因はまだよくわかっていない。しかし、先の熱源の問題を考えずに済ませるために、この地球と同じように少しずつ斜長岩体が地下で作られ、地表まで火山活動などで貫入して、現在の月斜長岩質地殻が連続的に形成されたとする仮説もある。

一方、黒い熔岩である玄武岩は、地球上でもありふれているし、金星や火星といったほかの惑星でもごく普通に見られる。地球やほかの惑星および月は、太陽系から供給された材料物質が集積した後、その密度に応じて層構造に分かれる。これを分化と呼ぶ。組成で見ると、中心に金属核（親鉄元素）、その外側にマントルと呼ばれる岩石の層が厚く広がり（親石元素）、その最上部に地殻、地球の場合はさらに海洋や大気圏が覆っている。どの惑星も、揮発しやすい成分を除いて、基本的には宇宙の元素存在度にしたがった共通の材料物質で構成されるため、金属の中心核と岩石のマントルはどれも似通っている。マントルの鉱物組成は、太陽系でもっともありふれているカンラン石である。カンラン石という鉱物は、鉄・マグネシウム・ケイ素・酸素が組み合わさったものである。カンラン石でできたマントルの一部が融けることで、火山噴火のもとである玄武岩質マグマが生じる。マグマが地表に現われたものを熔岩と呼んでいて、そのマグマが玄武岩という岩石の熔岩となる。玄武岩が地球型惑星や月でありふれた存在なのはこのためである。

マグマないし熔岩の起源を絞り込む方法に、不適合元素と呼ばれるものが使われている。マグマから鉱物が析出する時、結晶に入り込みにくい元素は、マグマに取り残される。マグマが冷えつつ鉱物が分離してゆくと、次第に濃縮されてゆくが、その元素が不適合元素である。また逆もいえて、融けはじめる時にも、不適合元素は多くマグマに入り込む。マグマを供給するもととなる物質はどの天体でも前に述べたとおりカンラン石組成と見なすことができるので、不適合元素の濃縮具合を調べると、熔岩の起源を区別して取り扱うことができる。

たとえばマグマから重い結晶が沈殿し、軽い結晶が浮上するような結晶分離が少しずつ生じると、残液に不適合元素が濃縮されることになる。月にマグマの大洋が生じて、軽い斜長石が浮いて斜長岩質地殻を作り、重いカンラン石が沈んでマントルを形成したとすると、その狭間に取り残されたマグマには不適合元素が濃縮される。マグマの大洋が大規模であるほど、この濃縮は強烈に進むことになる。その不適合元素に富んだ場所から生じたマグマ、KREEP（クリープ）玄武岩と呼ばれる熔岩が雨の海周辺で大量に見つかっている。不適合元素のカリウム（K）、希土類元素（REE：Rare Earth Elements）、リン（P）を多く含むもので、その頭文字による造語である。KREEP玄武岩の存在から、かなりの不適合元素の濃縮が起きていたことは間違いないだろうと考えられている。熱源の問題はさておき、マグマの大洋という大規模な融解は月で起きただろうと考えている研究者が一般的である。

地殻はその天体の進化履歴を反映しているので、複雑であることが多い。地球の地殻は、玄武岩と地下深くで作られる花崗岩という二成分で大体できており、玄武岩質地殻は地球の全域、花崗岩質地殻は大陸にある。その配置や分布は世界地図や地質図を見るまでもなく、非常に複雑である。大陸移動説で有名になったプレートテクトニクスの考え方の通り、いまも地球表面は更新され続けている。一方、月は地球に比べればごく簡単で、全球にわたって斜長岩質地殻が存在し、一部の低いところだけ玄武岩が埋めている。月地殻の分類については後述するが、二分性として認識される要素が骨組みとなっている。地球が複雑で月が単純というこの違いが生じた理由は、月が形成されて地殻ができたのち急速に冷えて、地球ほどには活発な地質活動がなかったためと考えられている。大陸が載っているたくさんのプレートがお互いに衝突したり分かれたりしている地球に対して、現在の月はまさに殻のようにがっちり一枚のプレートで覆われた天体である。

さまざまな衝突クレーター地形

月地殻の上で白黒のウサギ模様の次に目立つのは、衝突クレーターの丸い地形である。アポロ以前は、この丸い凹地形が火山起源だとする見方が有力であった。というのは、砂場に石を投げ入れる実験から類推されるように、真上から落ちてきた隕石だけが真円になると考える人が多かったためである。月面のクレーターのうち、楕円状で斜め入射と思われるものは非常に少なかったので、火山爆発であればこれだけ丸い穴があくだろう、という素朴な考えであった。しかし、音速を超えた衝突実験ができるようになると、入射角がきわめて低角でない限りは、衝突点から均等に広がる衝撃波で丸く穴を穿つことがわかりはじめた。アポロ計画で実際にクレーターの近くを歩いて調査したり、その場の岩石試料を採取して地球で詳しく分析した結果、やはり月のクレーターは火山起源ではなく衝突起源であると広く受け入れられるようになった。もちろん、月にも火山がないわけではない。地球の火山のように、盛り上がった先端に火口のある火山砕屑丘《さいせつきゅう》もいくつか見られる。しかし、大半は海の火山活動であり、そこでは低地を埋め尽くしてしまっていて噴火口の位置はよくわかっていない。月面で丸い穴を見たら、まず衝突クレーターと見てよい。詳しく見てみて、周囲にイジェクタが降り積もっている様子がわかれば、より間違いがない。

衝突実験の成果により、クレーターは次のようにできることがわかった。まず、隕石が落下してきて地表に接し、持っていた運動エネルギーを地表の物質に伝えはじめる。両者の境界でジェッティングと呼ばれる高温高速で物質を飛散させる現象が起きる。いわゆる衝突による発光現象は、そのジェッティングや、隕石およびその衝突直下の物質が高温で蒸発してできる雲で起きている。

衝突した隕石は自分自身を圧縮し、音速以上の速度で地面にめり込みながら、速度を周囲に伝えてゆく（接触・圧縮段階）。音速を超えているので衝撃波が発生し、衝突点から大きく広がって周囲の土砂を押しのけ、クレーターを穿ちはじめる（掘削段階のはじまり）。一点から周囲へと速度を伝えてゆきつつ、衝撃波速度は次第に遅くなってゆく。衝突点から四方に等しく衝撃波で押しのけられて半球状にクレーターが開きはじめ、周囲にイジェクタが放出される。開く速度が次第に遅くなり、成長が一時停止する（掘削段階の終わり）。この時、クレーターの深さは最大となり、直径の五分の一くらいまで穿たれる。周囲に飛散しているイジェクタは深さ一〇分の一くらいまでの物質で、それより深いところにある物質はクレーターの底に圧縮されるか、クレーターの縁を乗り越えられずに内側に堆積することになる。最大まで成長したクレーターの底は、重力を復元力として揺り戻しを受け、浅くなる（変形過程のはじまり）。大きなクレーターになると、この揺り戻しがさらに進んだり、振動したりして、クレーター中央部に中央丘と呼ばれる隆起や、その隆起がさらに沈み込んで周囲に隆起の輪を伝搬させたりする。内部に環状構造があるものをピークリングクレーターと呼んでいる（図3－3）。また、クレーターの縁が支えきれずに内側に崩壊したりする。非常に大きなクレーターでは、クレーターの縁に沿って大規模な地滑りを起こし、クレーターの外側に環状構造を作ることもある。これをマルチリングクレーターと呼んでいる。

掘削段階まではどのクレーターも同じ振る舞いを示しサイズを問わず同じように見えるが、この最後の変形過程は衝突規模に応じて異なる様相を示し、それがために月面で見られるような多様な衝突クレーターが生じている。

海・衝突盆地とマスコン

月の海をよく見てみると、丸い部分が寄り集まってできていることがわかる。ウサギの耳の部分、頭、胴体、臼など、これらは皆、巨大な衝突クレーターである（図3－4）。その低地は玄武岩熔岩

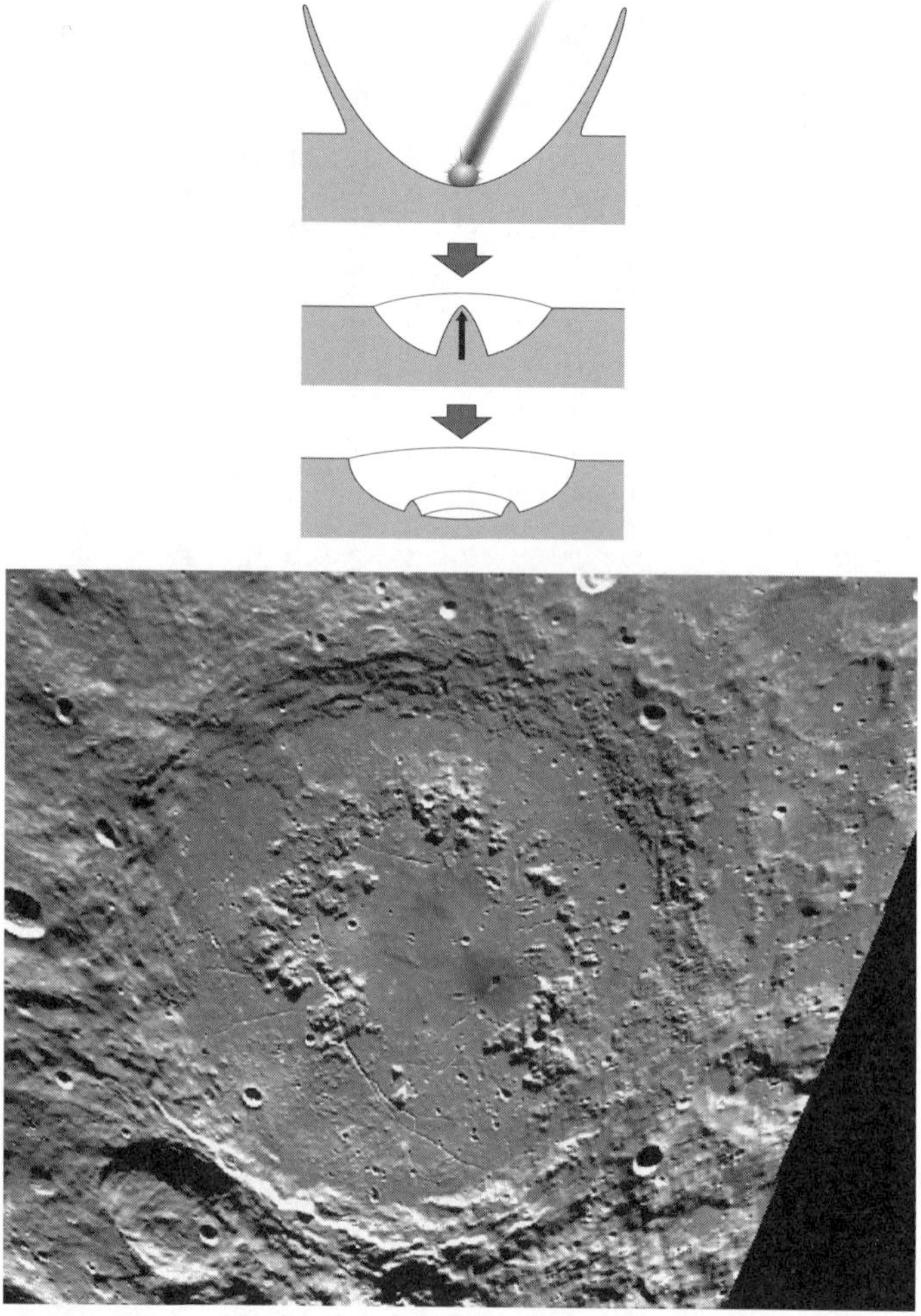

図3-3　上はピークリングクレーター生成のメカニズム。下はピークリングクレーターの一つ、シュレーディンガー衝突盆地。

（提供：NASA）

で埋められているため、クレーターにしてはだいぶ浅くなってしまっている。普通のクレーターとは見かけが異なり、しかも巨大であるため、衝突盆地と呼ばれることが多い。海のない巨大衝突クレーターでも、同じく衝突盆地と呼ばれる。月の裏側、南極と赤道近くのエイトケンクレーターを結ぶ線を直径とする丸い大きな凹地があり、南極―エイトケン盆地、略してSPA（South Pole Aitken basin）と呼ばれている（口絵参照）。この盆地にも海はあるが、表側の海のように低地を埋め尽くしているものとは違って、斑状にごく小規模な熔岩湖として分布している。この盆地は直径が二五〇〇㎞もあり、太陽系で現在までに発見されている最大のクレーターである。

図 3-4　月の模様を特徴づけるクレーター
（提供：国立天文台）

月の海は熔岩でできているため、固まって冷えてくると体積が縮み、特有の地形が生じる。中央が深く外縁部ほど浅い中華鍋のような場所で収縮が起きると、外縁部では円周に沿って引っ張られて裂け目が生じ、その少し内側では中央に向かって圧縮が起

図3-5　リンクルリッジの例（提供：NASA）

きて円周に沿った割れ目で内側に乗り上げるような断層が生じる。前者はグラーベンという名称で呼ばれる直線性のよい線状の凹地形である。後者は皺《しわ》の寄った屋根という意味のリンクルリッジという名称で呼ばれる、うねって群れをなす線状の凸地形である（図3－5）。平坦な海では、両者ともクレーターに次いで目立つ地形で、家庭で使うような望遠鏡でも見つけることができる。これらは、その場所にどのような力が加わっているかの目安となる地形であり、月以外の天体でもよく調べられている。

月の海は、周囲よりも強い重力を生じていて、月を周回する衛星の軌道にも大きな影響を与える。アポロの有人月着陸の過程で、海に近づくと引き寄せられ、海から離れようとすると引き戻されるような予期せぬ引力が見つかり、質量が集中しているという意味の造語としてマスコン（mascon: mass concentration）が生まれた。詳細な成因は後の章に譲るが、海の玄武岩が噴いたことで追加された質量がその原因となっている。それだけの質量を十分支えられるほど月の地殻が硬くなっているということは、海を形成した時には月表層が十分冷えていたことを意味しており、月の進化をモデルで説明する際の大切な条件の一つとなっている。

月面地質図に見る月の進化

地質図とは、地表に現われている物質がどんな岩石であるかを図示したもので、月地殻の組成分布や構造を一目で理解するのに便利である。月面は地球と違って植生がないため、地質を隠すようなものがない。レゴリス層に覆われてはいるが、基盤岩を砕いて表面に載せたものであって、大局的に見ればレゴリスとその地下の基盤岩とは同じ組成である。多少、境界が曖昧になってはしまうが、レゴリスを通して分類することで、全月面の地表に現われている地質分布図を作成することができる。

一つの地質区とは、同じ時代に形成された、同じ起源と履歴を持つ地面の領域と定義される。月の海の熔岩流であるとか、あるクレーター周囲に広がるイジェクタであるとか、いろいろな地質区がある。それぞれの新旧は、地質区境界同士の関係や、地質区の包含関係で判断される。たとえば、海の熔岩と高地とが接している境界があって、それを切るようにあるクレーターからのイジェクタが載っていたとする。高地という地質区の中に海の地質区が包含され、さらにその境界を消すようにクレーターが生じているので、形成された順番は、高地→海→クレーター、ということになる。

こうして、接している地質区同士の新旧判定を月全球にわたって整理すると、月面で起こった地質イベントの順番を明らかにすることができる。月面上の空間の違いを時間面の違いと読み替えて年表にすることといってもよい。

こうしたやり方で月の時代区分をする際は、巨大衝突盆地や目立つクレーターのイジェクタや光条が非常に重要となる。クレーター形成に伴って生じたこれらの特徴は、クレーターが作られた一瞬の時刻を指し示している。大きく広がってほかの多数の地質区と接するため、これより新しいか古いかを区分するのが容易である。そのため、月面の地質時代区分は時代の境界を定めた衝突盆地もしくはクレーターの名称で次のように定義されている（表3－1）。

先ネクタリス代を、月誕生からネクタリス衝突盆地（熔岩に埋められたものが「神酒の海」）の形成まで。ネクタリス代を、ネクタリス衝突盆地形成からインブリウム衝突盆地（熔岩に埋められたものが「雨の海」）の形成まで。前期インブリウム代を、インブリウム衝突盆地形成からオリエンターレ衝突盆地形成まで。後期インブリウム代を、オリエンターレ衝突盆地形成からエラトステネスクレーターの形成まで。エラトステネス代を、エラトステネスクレーターの形成からコペルニクスクレーターの形成まで。コペルニクス代をそれ以降現在まで、と区分している。最後のコペルニクス代に形成されたものはほとんどがクレーターで、互いの地質区が接する場合が少ないため、コペルニクスクレーターより新しいクレーターとそのイジェクタが該当する地質区とされている。

なお、右記、月の地質区分は、アポロ計画以前に全球撮像したルナオービタ写真に基づくもので

表 3-1　月の歴史年表、絶対年表

先ネクタリス代	45.5 億年前 ～ 39.2 億年前
ネクタリス代	39.2 億年前 ～ 38.5 億年前
前期インブリウム代	38.5 億年前 ～ 38 億年前
後期インブリウム代	38 億年前 ～ 32 億年前
エラトステネス代	32 億年前 ～ 11 億年前
コペルニクス代	11 億年前 ～ 現在

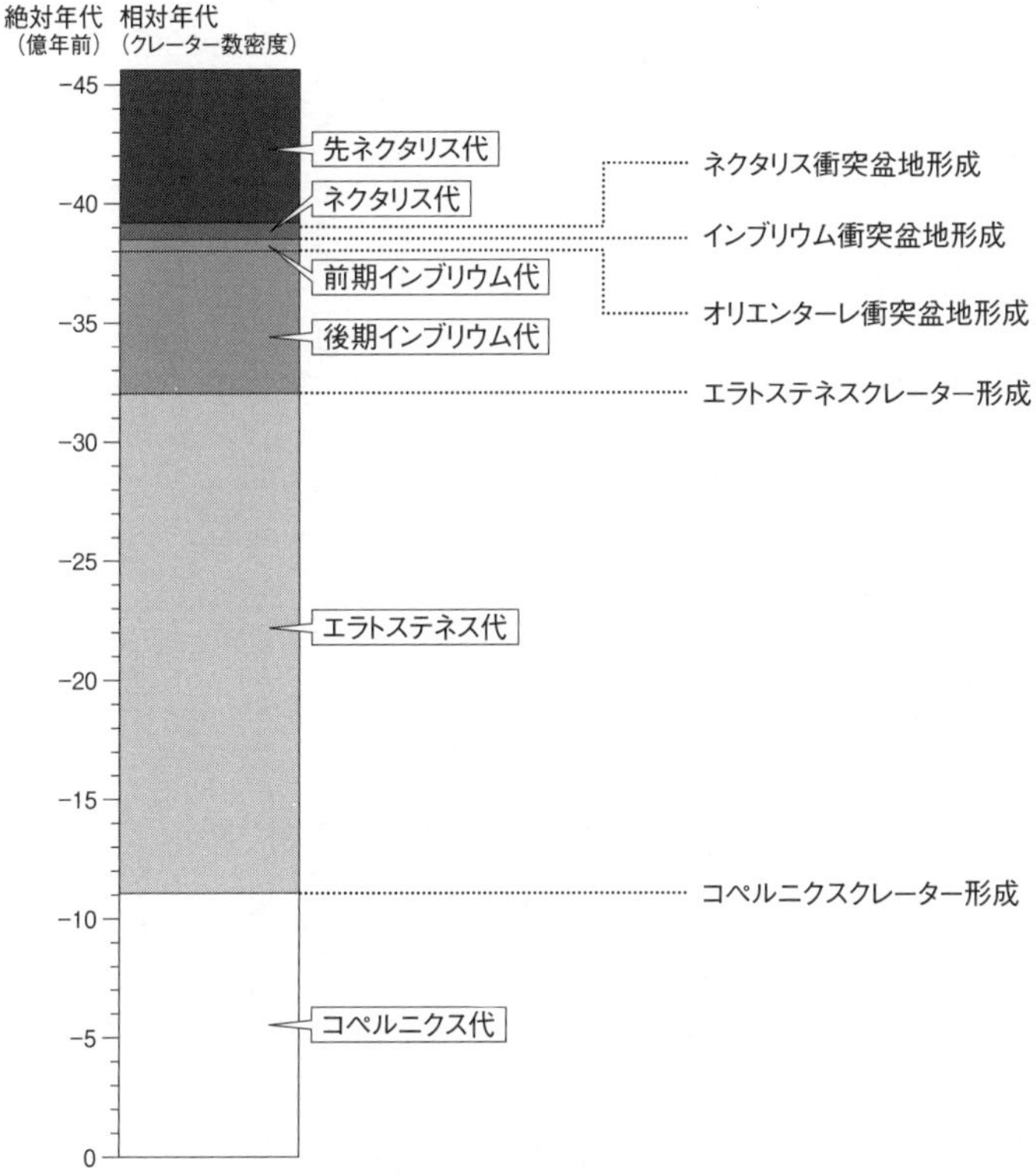

ある。当時は白黒写真だったため、地質図といっても反射率の違いと表面地形の様子で区分していた。むしろ地形分布図といってもよい。現在ではその成果に、クレメンタイン探査機の分光画像に基づく鉱物組成や岩石組成の分布を加えて、月面の地質を詳細に議論することが普通である。

より詳細に地質区の新旧判定を行なおうとすると、丁度都合のよい包含関係や境界の交差が見られない場合もある。そうした場合は、もう一つの有用な尺度、クレーター年代を用いる。その原理は単純である。月面に降って来る隕石の落下はランダムで、どこでも一様に衝突クレーターが作られていると仮定する。月の公転軌道進行方向に依存して多少偏っているという研究もあるが、近似としてこの仮定は十分有用である。統計的に十分足りるだけの衝突クレーター数を含む地質区について、その数密度は形成してからの時間に依存する。簡単にいえば、古い地質区ほどクレーターで穴だらけにされていて、地質区が新しいほどクレーター数密度が小さい、ということである。これにより、全月面をくまなく地質区で覆い、それぞれの形成順番が明らかにされ、月の歴史年表を編むことができた。これを相対年代と呼んで、次に述べる時間目盛の入った絶対年代と区別している。

月の歴史年表からわかる、後期重爆撃

地球に回収されたアポロ岩石試料の同位体組成を測定することで、個々の岩石の形成年代を定量的に求めることができた。その岩石がどの地質区由来のものかを判断することで、前述の相対年代に何年前に形成されたかという定量的な時間の目盛を入れることができる。こうして得られたもの

を絶対年代と呼んでいる。この年代測定の原理は、放射性元素が別の元素に崩壊してゆく様子を時間の関数で表わして、実測された同位体組成が何年かかって生じたかを求めるものである。具体的には、岩石試料中に含まれている、ウランが崩壊して生じる鉛の同位体組成を測定して、形成年代を定量的に与えている。これにより、月の最古の岩石の形成年代が四五・一億年前とわかった。地球と月の材料物質である始原的コンドライトの形成年代が四五・六億年前であり、地球の形成はそれよりも新しいはずなので、地球と月の形成年代はほぼ同じであると解釈されている。

絶対年代がわかるようになって、衝突頻度の時間変化も定量的に知られるようになった。クレーター数密度の変遷に基づき、いまから三九億ないし三五億年前に隕石衝突頻度が急減したことが判明している。さらに、米国アポロおよび旧ソ連ルナの回収したレゴリス試料中には、衝突によって生じたガラス小球が含まれていて、その形成年代が四〇億〜三八億年前に集中していることがわかった。総合すると、太陽系の固体物質が集まって月や惑星を作っていた時期は隕石衝突頻度も大きかったが、それが終わるとぐっと少なくなった。しかし、なぜかいまから三八億年前に隕石衝突頻度の急増があったのではないかという指摘である。この隕石衝突頻度のピークを後期重爆撃と呼び、その有無が広く注目されている。というのも、月だけにこうした隕石が降り注いだとは考えにくく、地球もその影響を被っていると考えられるからだ。この時期は地球上に生命が発生したと考えられている頃で、隕石が多数衝突する環境が生命の起源に何らかの影響を与えたかもしれず、その詳細を知ることはきわめて重要である。

なお、後期重爆撃を生じた物理機構については、最近きわめて有力な説が提唱されている。太陽系内の惑星を作る材料物質が原始惑星や原始衛星にひととおり集積して、小惑星や隕石がある軌道に安定して取り残された時期を考える。この時、地球も月も隕石衝突が一段落して、静穏期を迎えたことになる。詳細は省くが、その後の太陽系内の巨大ガス惑星の軌道が変わり、木星との相互作用で大量の小惑星が太陽系の内側に降り注ぐことになる。そうなるまでに数億年の時間がかかるため、後期重爆撃の原因として適切である。普通に考えれば、太陽系内で原始惑星が成長して材料物質が掃き取られてしまう過程で、隕石衝突頻度は単調に減少するのが自然である。後期重爆撃の発見は、絶対年代を導入できたアポロ成果があってはじめてわかった重要な事実といってよいだろう。

三つの特徴的な月地殻組成

月の一番外側の層である地殻には、黒い海もあれば白い高地もある。しかし、それだけなのだろうか？　これだけで月の二分性を考えてよいのだろうか？

アポロ成果で理解された月斜長岩質地殻は、その後の全球リモートセンシング観測成果によってより詳しく調べられるようになった。クレメンタインで得られた酸化鉄および酸化チタン分布、ルナプロスペクタで得られたトリウム分布はいずれも表側で濃く、裏側では枯渇していた。また、レーザ高度計により測定された月全球形状と、複数の周回衛星の軌道を総合して精度を向上させた月重力場に基づいて、月の地殻の厚さが定量的に議論できるようになった。そして、月地殻を貫いてマントルにまで掘削深度が達していると考えられている太陽系最大の衝突クレーター、南極—エイトケン盆地の再発見である。

それまでも、何らかの盆地構造がありそうだという指摘はあったが、裏側に位置していることもあって、直径二五〇〇㎞という大スケールの地形を具体的にイメージすることは、クレメンタインの高度計に基づく地図が提示されるまで非常に困難であった。また、クレメンタイン分光画像に基づく鉱物組成でレゴリスひいてはそれを生み出した基盤岩や、衝突クレーター中央に隆起した地下深部の岩石の種類を大まかに分類できるようになった。また、レゴリスの宇宙風化度合も、定量的に把握できるようになった。それらを踏まえて、月の地殻ないし最外層の岩石は、大きく次の三つに分けて理解することが受け入れられている。

一つめは、地殻を大きく掘削して、下部地殻から上部マントルまでもが露出しているとされる南極—エイトケン盆地で見られる表層組成である。頭文字を取って、ＳＰＡＴと呼ばれる。ややマグネシウムに富む輝石（$FeMgSi_2O_6$）が特徴的で、カンラン石（$FeMgSiO_4$）を伴う。次に述べるＰＫＴよりも、マグマの大洋における不適合元素とされる鉄・トリウムに乏しい。地殻が大きくはぎ取られ、地殻とマントルの混合が起きたと推定されている。そのため、地殻組成と呼ぶのは問題があり、地域という意味のテレーンが当てられていて、これが略称のＴの意味である。

二つめは、嵐の大洋（Oceanus Procellarum）に噴出しているＫＲＥＥＰ玄武岩およびそれを生み出した源の組成に代表される地殻組成である。頭文字を取ってＰＫＴと呼ばれる。「嵐の大洋」から「雨の海」にいたる領域を指し、放射性元素トリウムの濃集が見られ、ＫＲＥＥＰで代表される不適合元素も多く存在する。鉄に富む輝石を伴うのが特徴である。マグマの大洋で最後まで液相として残った最終残液を源とした玄武岩の海と、その直下の領域と理解される。もし、マグマの大洋仮説を否定する場合は、この地殻の成因をきちんと説明する必要がある。

三つめは、残りすべての斜長岩質地殻を一括して指したもので、今後の研究でさらに細かい区分がなされる可能性を残している。長石質高地という意味のＦＨＴ（Feldspathic Highlands Terrane）と呼ばれている。鉄に富む輝石とカンラン石を含む斜長岩である。ちなみに月隕石の分析からは、表側で鉄に富み、裏側でマグネシウムに富むことが示唆されており、これも二分性の一つとして理解されることになるだろう。

この理解の枠組のもと、回収された岩石試料を詳しく調べて、いろいろな地殻進化モデルや描像が提唱されてきた。しかし、次の節で挙げる月隕石の新知見によって、かなりの部分が刷新されつつある。地殻進化の現在の理解は、そちらでまとめて述べることにしよう。

三四kgもあった！　予期せぬ月の岩石

アポロとルナで回収された月試料は、月面のどこから採ってきたのかはわかっているが、再離陸して地球に帰還しやすい月の中低緯度地域に偏っている。表側からしか採取していないうえ、月の面積にして一〇％にも満たない部分しか代表していない。イジェクタとして遠くから飛んできて混ざっている高地由来の物質も回収されてはいるが、月全球リモートセンシング観測が行なわれて位置づけがはっきりしてくると、それら試料だけで月全体を議論することの難しさがわかってきた。ではそれ以外の場所、たとえば月の裏側の岩石を調べようと思ったら、次の月着陸探査ミッションで回収されるのを待たねばならないのだろうか？　実はそうではない。人類はほかにも月の岩石を持っている。月から地球に飛来した月隕石である。

地球に落下してくる隕石の中には、惑星になりきれなかった材料物質だけでなく、途中まで成長した小惑星・準惑星のかけらや、月や火星といったほかの天体からはるばるやってきたものも含まれている。衝突で破壊された岩片であったり、衝突クレーターから飛散したイジェクタの一部であったりする。これらの隕石はその組成により、鉄質隕石もしくは隕鉄、石鉄隕石、そして石質隕石もしくは普通に隕石と、それぞれ分類されている。月や火星といった大きい天体からやってくるものはそれらの天体の地殻の一部で、斜長岩質地殻の角礫岩、熔岩、あるいは地下深くでマグマが固結してできる深成岩でできた石質隕石である。地表で直接採取するよりもずっと深い場所にある岩石や、これまで採取されたことのない領域の岩石が含まれている可能性があるので、詳細に調べる価値がある。

月隕石が月からやってきたとわかった理由はいくつかある。すでに知られている月岩石の特徴、たとえば水をまったく含まない鉱物組成であること、などから少なくとも地球産の岩石ではないこと、月起源であってもおかしくないことがわかる。形成年代が地球および月が誕生した以降の値

（もっとも古い玄武岩の月隕石は四三・五億年前、もっとも新しいＫＲＥＥＰ玄武岩の月隕石は二八・七億年前）を示し、分化小惑星よりも長期間の火成活動を示唆することから、月以上の大きめの天体から来たことがわかる。そして、ほかの隕石と比べて宇宙線照射年代が非常に短く、ごく近所からやってきているという証拠が決め手となった。宇宙線照射年代とは、宇宙を漂っている間の宇宙線被曝《ひばく》で生じた元素の蓄積量に基づいて、母天体から叩き出されて地球に到達するまでの時間を求めたものである。

人類が地球上で持っている月試料の内訳は、アポロ回収試料が約四〇〇kg、ルナ回収試料が約〇・三kg、そして月隕石が二〇〇七年九月時点で約一〇〇個、総重量三四kgである。アポロやルナミッションが終了した後の一九七九年以降、月隕石は南極や砂漠で次々と発見されていて、近年急激にその研究が進歩している。

月隕石の岩石種の内訳は大きく分けて次の四種類である。一つめは、破砕された斜長岩質地殻が再固結したものと考えられる「斜長岩質角礫岩」で、重量比で一一・九kgを占める。次いで、「海の玄武岩」が四・五kg。「斜長岩と玄武岩が混合した角礫岩」が一六・五kg。ただし、これが斜長岩質地殻と現在見えている海との境界付近からやってきたとは限らない。前に述べた、月形成初期に噴出していまは地下に埋もれている隠れた海の玄武岩との混合物の可能性もある。最後に、ＫＲＥＥＰ物質に富む角礫岩が〇・九kg。月で発見されている岩石種がまんべんなく含まれていることから、月隕石は月面を無作為抽出した試料と見なすことができる。近年続々と発見されているこの月隕石の新しい知見により、アポロ・ルナが持ち帰った限られた試料だけに基づく描像が大きく変わってきたので、それを次にまとめてみよう。

書き換えられたアポロ・ルナの月像

第一に挙げるべきは、不適合元素、すなわちマグマの大洋の最終残液成分として注目されてきたチタン玄武岩における濃度に基づいた議論である。アポロ・ルナの回収試料中の玄武岩は、チタン濃度が高いHT（High Titan）、少ないLT（Low Titan）、極端に少ないVLT（Very Low Titan）という三つの組成に分類できて、大半がHTとLTであった。HT玄武岩の形成年代が約三九億〜三六億年前、LT玄武岩が約三四億〜三二億年前、VLT玄武岩はルナ24号の試料のみの報告であるが三二億年前ともっとも新しいものであった。チタンは不適合元素の一つであるが、これだけの事実から、放射性元素を含む不適合元素が強く濃縮されている部分ほど効率よく加熱されて先に火山活動が起こったとするモデルが議論されたりもした。しかし、月隕石の分析によれば、VLT玄武岩も多数見つかり、チタン濃度と玄武岩形成年代とに相関はなく、この種の制約に基づく議論に意味はないことがわかった。VLT玄武岩の存在度はこれまでの想定よりもずっと多く、より普遍的な玄武岩の種類として理解すべきだろう。これは、クレメンタイン分光データに基づく酸化チタン分布から示される描像とも調和的である。チタン濃度で見た玄武岩は非常に多様なもので、そのこと自体を説明する新しい理論的枠組が必要とされている。

第二に、月の裏側の斜長岩質地殻から来た月隕石が発見されたこと。もともと、斜長岩質の月隕石については、アポロ16号試料よりもさらにトリウム濃度が低いため、裏側高地起源の可能性が高いと思われていた。表側のＰＫＴ由来であればトリウムが混じっているはずだからだ。その一つであるDhofar489という斜長岩質月隕石は、もっともトリウム濃度が低く、鉄および希土類元素ＲＥＥ濃度もアポロ試料の約一〇分の一ともっとも低く、さらにアポロ試料では存在しなかったマグネシウムに富む斜長岩を含んでいた。月の裏側の始原的な地殻岩石と結論づけられたのだが、マグネシウムについて月の表と裏とで斜長岩質地殻が異なっている可能性を示唆している。つまり、表の斜長岩は鉄に富み、裏の斜長岩はマグネシウムに富む。これは、いわゆる二分性の一特徴として理解すべきことなのか、そもそも全球規模での地殻の不均質組成を意味しているのか、現時点でははっきりしない。マグマの大洋が大規模に広がっていたとすると、どうやってこうした違いを生じさせることができるのか、詳しく調べる必要がある。

第三に、月の火山活動継続時期がより新しく、またより古くに拡大し、月の進化の制約条件が大きく変わったことである。アポロ・ルナ試料ではＫＲＥＥＰ玄武岩は三九億年以前に噴出を終え、それ以外の玄武岩も約三九億〜三二億年前にわたって噴火したのち火山活動を終了させたという見方だった。しかし、月隕石からはより古い四三・五億年前の裏側起源と思われる玄武岩が見つかり、月の火山活動のはじまりをより遡って考える必要がでてきた。ただし、いま見えている月の海や隠れた海クリプトマーレを作るような、後で加熱されて生じた火山活動とは必ずしも限らない。マグマの大洋が固結した直後の火山活動かもしれず、その成因を知るにはさらなる研究が必要だ。また、より新しい三五億年前と二八・七億年前のKREEP玄武岩（NWA773）がそれぞれ見つかり、少なくとも三九億年前から一〇億年以上の長期間にわたってKREEP物質に富む火山活動が継続したことが明らかにされた。こうした事実を説明できる月地殻進化モデルが必要となって、現在も議論が続いている。

第四に、ウラン238と鉛204の同位体比μ（ミュー）が、アポロ玄武岩よりも一桁小さい玄武岩月隕石が発見されたこと。アポロ玄武岩の源となったマントルよりも、さらに始原的で未分化なマントルから生じた玄武岩であることを意味している。YAMM隕石と総称されるこの玄武岩月隕石は、化学組成・年代・埋没深度の情報に基づいて、三九億年前の後期重爆撃以前に噴出して現在は斜長岩質レゴリスの下に埋もれているとされる古い玄武岩、つまりクリプトマーレと考えられている。ただし、KREEP玄武岩やそれを生み出したマントルとはまったく無関係で、融解させる熱源となる放射性元素にも乏しく、どのように熱してマグマを作ったのかわかっていない。未分化なマントルが月深部のどこかにあるということは、月の形成初期の状態が高温で融けていたことが必然的なジャイアント・インパクト説にとって整合的かどうか微妙かもしれない。月マントル自体の不均質性を反映しているとするならば、集積時の混合が不十分であったのか、あるいはマグマの大洋がそれほど大規模なものではなかったという可能性すら生まれてくるので、非常に慎重な解釈が必要である。

第五に、月隕石に占める玄武岩の個数割合が、現在の月の海の面積が占める一七％の倍以上約四割を占めていて、その中にはじめてクリプトマーレではないかと考えられる前述のＹＡＭＭ隕石が含まれていたことである。この場合は、重量割合ではなく、個数割合で考えるべきで、しかも同じ場所からもたらされたものは重複して数えないようにする必要がある。月面から叩き出されたものが、地球に落下する途中で割れたものもあり、それらはまとめて一つと数えないといけない。月隕石が月表面の岩石を無作為に抽出しているという仮定を疑えばきりがないが、もしかするといま見えている月の海の面積以上に、斜長岩質レゴリスの地下深くにクリプトマーレとしての玄武岩がかなり隠れている可能性がある。地上観測やクレメンタイン分光データに基づき、月全球にわたってクリプトマーレ玄武岩を確認したという研究報告もある。月の玄武岩の総量をどう見積もるべきかの検討を迫られている。

第六に、後期重爆撃の謎がある。アポロ回収試料からは三八億年ほど前に衝突のピークがあったことが示されているが、月から地球に飛来したとされる月隕石の最近の分析によれば、そうしたピークが見られない。月隕石は月面から無作為抽出されたものと考えてよいので、アポロならびにルナの回収レゴリス試料が、はたして月を代表しているのかどうかという議論が必要であろう。いまに至るまで、解釈は定まっていない。

以上、月隕石で拡張された事実からいろいろな制約条件が抽出できる。その中で特筆すべきことは、マグマの大洋が月全球に大規模に広がっていたのか、ひいてはジャイアント・インパクト説に基づく高温の月が出発点となっていたのかどうか、これらに対して再考を迫る厳しいものがあることだ。月表層・内部の不均質性、裏表で異なる斜長岩質地殻の起源、これらのキーポイントが説明できる必要がある。

第四章●月の深部構造に迫る

月の重力場からわかる内部構造

第四章では、いよいよ月の深部構造について触れたい。月の起源や進化を制約する巨視的な情報として、きわめて大切である。しかし、月を一〇〇㎞スケールで掘った人は誰もいない。どうやって深いところを知ることができるのか、順を追ってみてみよう。掘って直接見なくても、外見からかなりのことがわかるのである。

まず、おさらいから。地球も月もおおよそ球形をしていて、その半径はそれぞれ六四〇〇㎞と一七〇〇㎞、大きさの比は約四対一なので体積比は三乗して六四対一くらい。質量比は約一〇〇対一なので、密度としては地球のほうがずっと重く三対二くらい（五五二〇㎏／㎥と三三四〇㎏／㎥）である。これだけでもかなりのことがわかるが、地球と月を比べて内部構造を理解するには、それぞれの形と、後で説明する物理量、慣性モーメントが必要だ。

ここでいう形とは、地形の形ではなく、重力場の形である。第二章で前述したように月の形状中心と月の重心とは一致せず、約二㎞ずれているが、重力場のモデルや人工衛星の軌道は、重心を中心として記述するのが容易かつ自然であるため、以降はすべて重心を原点とした座標系で定義される。重力場の形は地球の場合はジオイド、月の場合はジオイドないしセレノイドと呼ばれる。いずれも、重心から見た重力の位置エネルギーが等しい面の一つである。人工衛星は、このジオイドの形に沿って周回している。衛星高度が低いほど、ジオイドの細かい起伏に引きずられて、軌道がふらついてしまう。逆に、そのふらつきからジオイドが求められるのだ。

慣性モーメントとは、剛体の回転の式で回転のしやすさを意味する量で、運動方程式で加速のしやすさを意味する慣性質量と対応している。つまり、質量が大きければなかなか加速できないように、慣性モーメントが大きければなかなか回転にはずみがつかない。質量が大きいほど一度動き出したものは止めにくくて、慣性モーメントが大きいほど一度回り出したものは止まりにくいということだ。

慣性モーメントは回転軸ごとに定義できるが、天体の場合は自転軸回りのものに注目する。詳細は力学の教科書を読んでもらえればよいが、大切なことは、質量が回転する球体のどの深さに配分されているかで、この慣性モーメントという値が変わってくるということだ。重心近くに質量が集まっているほど慣性モーメントは小さく、少しの勢いで回すことができる。慣性モーメントの値そのものだと天体サイズに応じて値が大きく変わってわかりにくいので、慣性モーメントを質量×半径の二乗で割った比が、天体中心への質量集中度の指標とされている。その指標によれば、均質なものは〇・四となり、それより小さいほど中心に質量が集まっていて自転させやすいことになる。

もし、中空の天体があれば、逆に〇・四を上回って自転させにくいはずだ。

慣性モーメントに基づくこれらの指標を得るには、フライバイもしくは周回する人工衛星の軌道変化を観測する。詳細は数式を追って説明する必要があるので省略するが、流れとしては、衛星軌道を解析して、ジオイドの扁平度合（J2と呼ばれる）を求める。力学的扁平率でジオイドの扁平度合を割った値が、天体中心への質量集中度の指標になる。ジオイドの扁平度合は、内部の質量分布に強く依存している。内部深くに質量が集中していれば、ジオイドは球に近づき、表面に不均質に質量が分布していれば、それに応じてジオイドの形が歪むのだ。適当な成層構造を仮定すれば、このジオイドの形だけで、どれくらいの深さから中心核がはじまるのかが求められることを意味している。たとえば、地球や月では、密度差が大きい金属鉄と岩石の二成分を仮定することで、天体内部の様子がつかめる。中心に金属核、外側に岩石層（マントル）、という成層構造を仮定して、求められた扁平度合J2を満たす両者の境界の深さが求められる。直接内部を調べなくても、これくらいまではわかってしまうのだ。米国月探査機ルナプロスペクタの成果によれば、月の中心核の大きさは二二〇㎞から四五〇㎞くらいと推定されている。

地震波で内部構造がわかる

天体の内部を直接調べる方法には、地震波探査がある。地震波は密度が大きいところは速度が上がるため、地下深くで地震が発生した場合、その波が四方に均等に射出されても、速度が遅くなる密度の小さい側に向かって緩やかに屈折してゆく。もちろん、密度構造が不連続に変わるところでは、大きく屈折したり反射したりする。屈折の原理は、進行速度が急に変わる境界で折れ曲がって見えることで理解できる。地表にたくさんの地震計を設置して地震波を検出し、いつどこで発生した地震波がどの場所を通ってきたかを調べることで、内部の地震波速度構造すなわち密度構造が求められるのだ。

これまで、月面に地震計を設置した探査ミッションは、アポロ計画だけである。なお、月で起こる地震は、地球で起こる地震と区別して月震《げっしん》と呼ばれる。アポロ11号がはじめて月に設置した地震計で月震を検出したため、続く12・14・15・16号でも設置され、最後の17号にも地震計に準じた重力波測定器を設置した。その観測結果をまとめてわかったことは、地球に比べて地震活動は不活発で、検出された最大の月震でもマグニチュード四程度だった。また、震源に応じて分類がなされ、地球の例よりも遥かに深い深度八〇〇〜一一〇〇kmの深発月震、三〇〇km前後の浅発月震、地表で生じた熱月震・隕石衝突月震・人工月震（不要物を落下させて発生）というものがある。熱月震とは、月表面の大きな温度差によって表面の岩石が熱膨張と収縮を繰り返すうちに破壊されて生じたもので、複数の地震計で捉えられなかったものは、その地表近くで生じた小さな現象と見なし、熱月震と判断されている。複数の地震計で検出できるほど大きく、かつ地表で生じたものは、隕石衝突月震や落下物による人工月震である。

地球上では、地震は断層など地殻内で何らかの破壊現象が起きて生じている。先に触れたように地球はいまでも活動的な天体で、プレートテクトニクスとして知られている物質循環が継続している。地球地殻とその下のマントルの一部がプレートと呼ばれる単位を作り、それが地球表面を埋め尽くして、お互いに衝突したり、こすりあったり、開裂しながら新しいプレートを作ったり、沈み込んで消滅したりしている。互いに動きあっているために、その接する部分で時々滑ったり、力のかかる場所の後ろで圧力に耐えきれずに何かしら破壊が生じたりする。月とは比べ物にならないほどの規模・回数の地震が毎日起きている。一方、月の表層は冷え切っていて、地質活動という観点では死んだ星とまでいわれており、プレート運動が力を及ぼして破壊が生じることは期待できない。熱月震を除けば、月震の引金は月全体の潮汐作用である。実際、深発月震の発生周期は月の潮汐周期に依存している。ただし、潮汐力だけで月震が起きているのか、かつてのひずみが蓄えられていて毎回の潮汐作用で少しずつ解放しながら月震が起きているのかは、はっきりしない。

地球よりも厚い地殻とマントルの謎

このアポロ地震計でわかった月の内部構造は非常に示唆に富んでいる。まず挙げるべきは、密度構造が大きく変わる地殻とマントルの境界である。だいたい六〇～八〇kmの深さにあり、場所によっては四〇kmくらいまで薄くなるなど地域性があることが示された。

さらに深く、深度五〇〇kmでマントルが上部と下部に分かれているモデルが広く普及しているが、これは解析の便宜のために上下に分けてそれぞれ最適な値を求めたために見えている境界であって、そこに境界がなければならないというわけではない。しかし、月の下部マントルが未分化なままで、月が形成された初期に月の中心部は冷えていたという一部の見方を支持しているように、見かけはみえてしまっている。しかし、前章でも説明した通り、未分化マントルの有無は、ジャイアント・インパクト説に基づく月形成時の高温条件と絡んで、検証すべき大切な項目ではある。

月の最深部は意外と高温であるかもしれないという見方もある。それを裏づける事実として、深発月震が深度一〇〇〇km以深で起きていないこと、そこでの地震波とくに横波の減衰が大きいことが挙げられる。ここから素直に解釈されることは、月中心部が融点に近いか、横波を伝えられない液相にまで一部が融けてしまっている、という描像である（縦波は液体も伝わるので）。

中心核の大きさについては、残念ながら地震波観測からは存在すらはっきり示せてはいない。というのも、アポロが着陸したのは月の表側の限られた範囲だけであったため、カバーできる震源位置が非常に限定されてしまい、中心核を通る地震波経路がほとんど確保できなかったためである。次の地震波探査では、裏と表など月面の広い角距離範囲に地震計を設置すべきだろう。

ここで注意しないといけないことは、密度構造がわかったからといって、それで組成の成層構造が得られたわけではないことである。材料物質と分化モデルの制約条件をつけないと、密度構造だけからは深部が何でできているかがわからないのだ。地殻よりも深いところは、それほど密度の違う候補物質がないので、地球マントル物質と大差ないか、やや不均質さを示すという大体の把握はできる。地殻は物質の種類が地下深部よりは変化に富んでいるからもともと難しい対象ではあった。

月震記録は地球の地震記録とはまったく様相が異なっていたのだ。具体的には、地殻以浅を通ってきた地震波は、非常に乱れていて、しかも波がたくさん重複して構造がよく把握できなかった。地震波が強く散乱されていることから、月の地殻が非常に不均質であることはすぐにわかる。もっとも表層の地殻の地質構造が変化に富んでいるということは、地球の例を考えても、もっともな話である。

なかなか減衰しない地震波

しかし、問題を決定的に難しくしたのは、地球と比べて地震波がなかなか減衰しないという点だった。地球では間隙に水があるなど、地震波が入射した際の減衰がほどよい程度で、地下の構造に起因した反射などの信号を区別して読み取りやすい。しかし、月の表層のレゴリスの隙間には液体の水がなく、重力が小さいために粒子同士の噛み合わせも強くなく、なかなか地震波が減衰できずに、小さい月面を何周でも回ってしまうのだ。

おまけに地殻表層のレゴリス層やメガレゴリスという空隙率の大きい層では伝搬速度も非常に遅いため、地震波は地表側に屈折してしまってなかなか地下深く浸透しない。地殻表層に、いつまでも地震波が閉じ込められることになる。そのため、個々の地震計では後続の波がかぶさって情報が読み取れず、地殻の鉛直構造を把握することがきわめて困難な例が頻発してしまった。地震計近くの表層で発生し、最初に直接届いた地震波を用いて、地震計設置場所近傍のごく浅い水平・垂直構造を把握することだけは成功している。

その貴重な地震計のデータによると、前に述べた通り月面の地殻の厚さは六〇～八〇km。地震波はその領域で強く散乱されつつも閉じ込められて伝搬し、信号が重なって読み取りにくい。空隙率で見た構造としては、深さ一一kmくらいまである関数にしたがって間隙が減り、それより深くでは圧密で再固結しているらしいことがわかった。これは、衝突クレーターが撒き散らした土砂であるレゴリス層と、衝突でヒビが入って見かけ上密度が小さくなっている基盤（メガレゴリス）の層の厚みを加えたものが、深さ一一km程度までと、地殻の厚さに比べてごく浅いことを意味している。こうした特徴のため、ごく浅い部分では地震波探査よりも、直接深部が露出している地形を調べて情報を総合し、組成構造を推定するほうが現実的である。露出しているものには、衝突クレーターや火山噴出物がある。いずれも天然の試掘坑として使えることは前章で述べた通りである。

月の起源や進化とどのように関わるかがはっきりしないが、月震そのものにもまだいろいろ解明すべき点が残っている。アポロが観測していたのはごく一部の期間に過ぎず、月の平均的な月震活動はどれくらいなのかがわかっていない。それがわかれば、潮汐作用が単なる引金に過ぎないのか、それとも月震を引き起こす主原因として十分なエネルギーを供給しているのか、はっきりするだろう。また、観測できなかった月の裏側を震源とした月震の有無や震源位置がわかると、月の裏と表で異なる表層の二分性がどの程度の深さまで続いているかの目安を与えるかもしれない。深発月震がいつも決まった場所で起きる理由や、発生エネルギーの大きめな浅発月震と何が異なるのか。まだまだ内部構造を議論する材料が足りないのが現状である。

月の内部は意外に熱い?

月の進化を考えるうえで、いま、どれだけの熱量が中心から地表に流れているか、その熱量がどこからもたらされたかを理解することは、とても大切である。なぜなら、月の進化を駆動する最大の要因は熱であり、月の内部を融かしたり、密度に応じて層構造に分化したりするからである。その熱源は、月が集積した時に内部に閉じ込められた熱量と、放射性元素が崩壊して発する熱量との和である。ウラン238、ウラン235、トリウム232、カリウム40といった放射性元素は、毎年一定の割合で崩壊して放射線と熱を発生する。地球の場合も同様で、生まれてから四五億年間、この放射性元素がなかったら、集積した時の熱は一億年も経たずに現在の地温にまで冷えてしまっただろう。時とともに継続的に熱を供給する放射性元素の存在は非常に大きな意味を持っている。

地殻熱流量とは、地表の単位面積・単位時間あたりにどれだけの熱量が湧き出しているかを表わす物理量である。熱は温度の高いほうから低いほうへ流れるので、地球も月も地下深くほど温度が高く、地表に向かって熱が流れている。熱の伝わる効率を仮定すると、計測された地殻熱流量から、地下の温度分布を決めることができる。地殻熱流量の単位は一㎡あたりのw《ワット》数で表わされる。何十wという白熱電灯の消費電力よりはずっと小さいので、wの一〇〇〇分の一を意味するミリ「m」がついた「mW《ミリワット》/m²」という単位が使われる。月については、アポロ15・17号着陸地点の二か所でのみ計測され、それぞれ二一mW／㎡、一六mW／㎡。月全球平均で一八mW／㎡という値が推定されている。地球の平均値は六九mW／㎡で、月はその約四分の一である。ただし、日本人研究者がごく最近アポロで得た地殻熱流量計データを再解析してこの値を更新しつつあるので、この値を前提として月の進化を論ずるのは正しくないかもしれない。今後の研究や月着陸探査が待たれるところである。

月は小さいので中心部分まで冷え切っているというイメージがあるが、必ずしもそうとはいえない。熱を伝える方法には、熱輻射《ねつふくしゃ》、対流、熱伝導の三通りがあるが、月が生まれて四五億年間、熱伝導だけで熱が失われたと仮定すると、表面から数百㎞くらいまでしか十分に冷えることができない。同様に、もし月が形成された時に、低温のまま深さ五〇〇㎞に未分化マントルが閉じ込められたとしても、四五億年かかっても熱を逃がせない深さであって、放射性元素の崩壊で簡単に岩石の融点を超えてしまい、どうしても分化してしまうと思われる。未分化マントルの存在がいろいろと示唆されることはあるが、現在に至るまでそれを維持することは物理的にかなり難しいものと思われる。発生した熱を逃がして十分冷えることができるくらい浅いところでないと残れない。世の中のイメージとはだいぶ異なるが、意外と月中心部は高温に保たれている可能性があるのだ。

月の成層構造を形成した熱源

ここまでで、月の表面から地殻、上下部マントル、中心核といった成層構造を順に見てきたことになる。月の進化を考えるうえで鍵となる事実が説明されてきたが、それらをマグマの大洋仮説と熱源という観点で整理してみよう。

まず、斜長岩質地殻の形成について。大規模な融解と分化が起きなければ、マントル物質から数十km〜一〇〇kmの厚さの斜長岩質地殻を形成することができない。地球にもマグマの大洋があったとされるが、水を含むマグマの大洋では斜長石が融けないとも、圧力が大きい深いところでざくろ石として斜長石を作る元素成分が抜きとられてしまうともいわれていて、地球上に斜長岩質地殻はない。しかし、月には数百kmまで融けて生じるだけの斜長岩質地殻があり、それを作れるだけの熱源を確保できるかどうかが問題である。太陽系初期にはあったとされる短寿命放射性元素の壊変熱や、集積時に解放される重力の位置のエネルギーなども考えられているが、一度にではなく、部分的に少しずつ地下で融解して火山活動として斜長岩が地表に達するまで貫入してくることが繰り返されたという、連続的火山活動によるという説も有力であった。しかし、ジャイアント・インパクト説であれば、月は低温からではなく高温の材料物質から出発できるので、熱源という問題は解決される。逆に、月に生じたマグマの大洋がこれだけの深さと規模でなければならないという観測事実が明らかになれば、ジャイアント・インパクト説を支持する一つの根拠となりうる。

続いて検討すべきは、月表層の放射性元素トリウムの分布の意味である。KREEP玄武岩として地下から噴出してきた熔岩のマーカーではあるが、そもそもそういう火山噴火をさせるための熱源としても注意を払わねばならない。しかし、トリウムが表層に集まっていれば、熱伝導で冷却されやすく、月内部も相対的に熱源が減って、温度はずっと低く抑えられてしまう。トリウムが熱源となる火山活動は、「嵐の大洋」など大規模なものであるはずだが、表層にあるままではかなり制限されてしまうことになる。

火山活動の熱源KREEPマグマ

大量のKREEP玄武岩をもたらした源としてのKREEPマグマは、斜長岩質地殻よりも重いが、カンラン岩といったマントル物質よりは軽い。そのため、成長する両者に挟まれて最後まで存在した残液成分と考えられ、不適合元素に富むという特徴を示す。前にも述べているがKREEPとは、カリウムのK、希土類元素のREE：Rare Earth Elements、そしてリンのPの文字を連ねた造語で、これらもみな不適合元素である。この不適合という命名の意味は、液相から固相として析出する鉱物の結晶構造に取り込まれにくい性質、結晶と適合しないことである。マグマの大洋が冷却しながら鉱物を析出させ、軽い鉱物の斜長石が集まり表面に浮かんで斜長岩質地殻を形成し、重い鉱物のカンラン石が集まり沈殿して分化したマントルを形成する。残りのマグマに取り残された不適合元素は最後の残液に至るまで濃縮されてゆき、成長した斜長岩質地殻と分化マントルに挟まれることになる。ただ、最後まで不適合元素として取り残される鉄やチタンも急激に濃縮された結果、このKREEPマグマの層はすでに沈殿したカンラン石マントルよりも密度が大きく、不安定な成層構造を形作ってしまう。

遅かれ早かれ、このような不安定な状態は、ＫＲＥＥＰマグマの固結した層（ＫＲＥＥＰ物質）とカンラン石組成のマントルとの上下が引っくり返される形で解消されるだろう（図４－１）。ある見積もりによれば、不安定成層が解消されるまでにせいぜい四〇万年程度しかかからず、マグマの大洋が固結したらすぐ、月の歴史から見るとあっという間に終わってしまうイベントである。

その後の海の火山活動を引き起こす熱源として、このＫＲＥＥＰ物質は重要な鍵を握っている。引っくり返されずに、そのまま月地殻にあったのでは、冷えやすくて火山活動を引き起こすほどの熱がなかなか蓄えられない。このＫＲＥＥＰ物質由来の熔岩噴出は、海だけでなく、高地地殻の古い部分にも発見されていることから、高地地殻形成後間もない段階で、地下深部に潜り込んで熱を溜め、ＫＲＥＥＰ物質を再融解させないといけない事情がある。

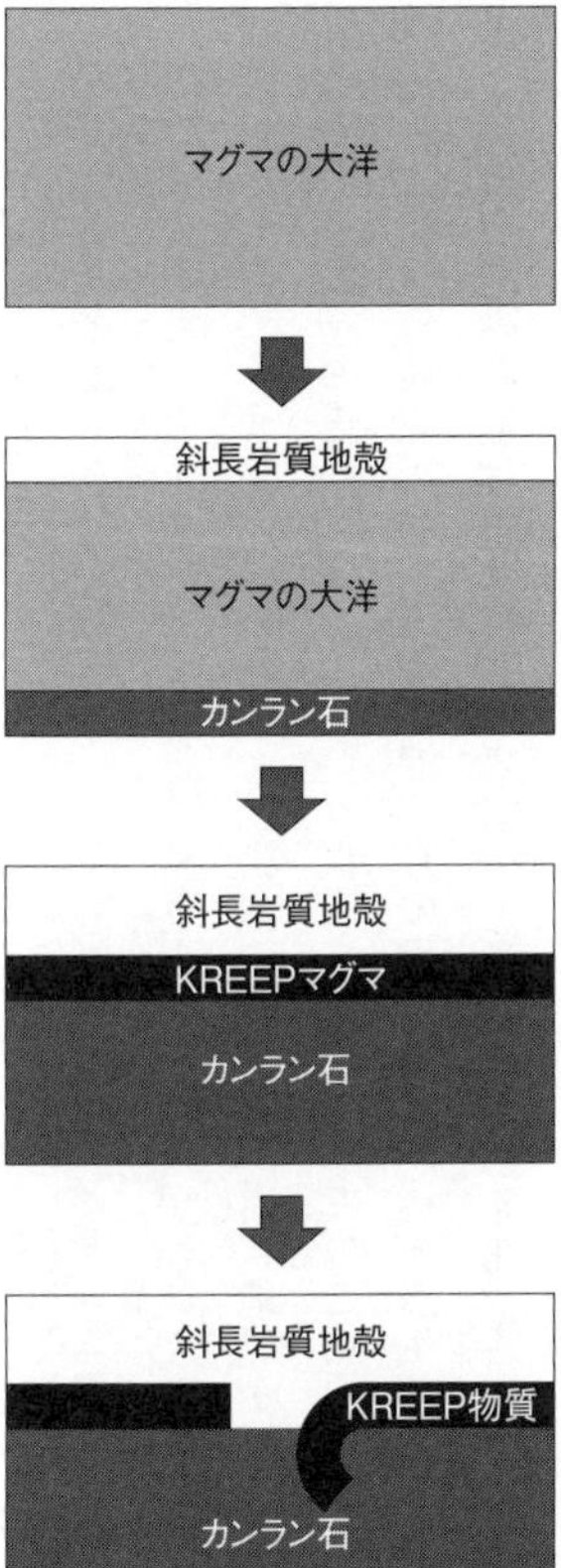

図4-1　KREEP物質とカンラン石の逆転

二一世紀に入ると、この引っくり返しのアイデアをさらに発展させて、月の二分性まで説明しようという試みが提唱されている。

それによると、上下がひっくり返るような沈み込みが起こりはじめると、そこに全球から流れが収束してくる。そうすると沈み込んだ半球の側に斜長岩質地殻が掃き寄せられて厚くなる。それが裏と表の地殻厚の違いとなったという仮説である。ただ、この場合は、KREEP物質が大量に沈み込むところの地殻が厚くなるので、月の裏側で沈み込みが生じたことになる。そうすると、表と裏とで火山活動の度合が期待されるものと逆になってしまう（つまり裏側が活発になってしまう）のは具合が悪い。これについては、もしかすると、KREEP物質の多寡よりも、地殻が薄くて噴出しやすいか否かという条件のほうが重要であるのかもしれない。つまり、月の表側よりも裏側のほうがKREEP物質が大量に沈み込んでいるが、地殻が厚い分だけ表側に比べて噴出した量が少なかった、というものだ。いずれにしても、月地殻とその下部の内部構造を把握できれば、こうしたアイデアを一つひとつ検証することができるだろう。

マスコンを生んだ時代の温度

最後に、月衝突盆地の海にマスコンと呼ばれる正の重力異常が見られることの意味と制約条件に触れる。そもそも、地球のように地殻とその下部の密度の大きいマントルがともに軟らかく、流動できる状態にある場合、ある一定の深さの面より上の質量分布が同じで、その面にかかる圧力も同じとなる。これを地殻均衡（アイソスタシー）と呼ぶ。仮に同じでなかった場合を考えてみよう。下層は流動できるのだから、圧力が同じになるまで足りないところに物質が押し込まれる変動が続く。たとえば、衝突クレーターが生じたあと、穿たれた凹部がそのままでは内外で圧力が同じにはならない。ここで、もともと穿たれる前の地殻物質よりも密度の大きいマントル物質がクレーター中央部にせり上がることで、穴をすべて埋めずに釣り合いを取ることができる。

ところが、衝突クレーターについてアイソスタシーが成立した後で、さらに熔岩が噴出して海を形成したとすると、クレーターの凹部に余分な質量が載ることになる。それからアイソスタシーが成立するならば、クレーターの凹部が沈降して、先にせり上がった分のマントル物質が地下周囲に押し戻されることになる。しかし、月地殻が十分冷えて硬くなっていると、自身の強度でその荷重を支えることができてしまう。その場合は、アイソスタシーは成立せず、正の重力異常、マスコンが形成される。マスコンがあるということは、クレーターを形成した当時はアイソスタシーが成立するほど地殻が温かくて軟らかく、海が噴出した時には荷重を支えられるほど冷えて硬くなっていたということを意味している。具体的には、アイソスタシーが成立しなくなって以後は、月の上部マントル三〇〇㎞深度で摂氏八〇〇度を上回ることはなかった、と推定されている。

また、巨大衝突盆地で海を持たないものが必ずしもアイソスタシーを回復しているとは限らず、むしろ回復しきれずに負の重力異常を示すものすらある。月の上部マントル以浅で軟らかさ、すなわち温度分布に水平不均質があった可能性すら示唆されている。それが、辻褄《つじつま》合わせの誤解であるのか、本当にそうであったのかは、月の重力異常とアイソスタシーの回復具合、地殻の厚さなどを細かく検討しないと、はっきりしたことはいえないだろう。

第五章●月に残された謎――「かぐや」以前

前章までで現在の月に関する知見をひととおり述べてきたわけだが、知れば知るほど個々が絡み合って全体像を理解するのが困難になる。月・地球系の起源という大きな問題から、現在の月の特徴がなぜ生じたのかという月固有の問題などそしてそもそも極の永久影に水の氷は存在しているのかという月開発上の具体的課題などいろいろなレベルの問題が混在している。重要な順に整理しようにも、人によって分類方法が異なるのは当然である。しかしここでは、いささか乱暴ではあるが、月に残された謎を大きく三つに分けて、それらの関係性と主な意義・波及効果を示そうと思う。時系列で分けて、月の起源の謎、月の進化の謎、そして現在の月環境の謎である。この分け方が、中立的で見通しをよくする最大公約数だろう。そして、「かぐや」を含む今後の一連の月探査で、それらが明らかにされることが期待される。

月・地球系の起源の謎

何といっても、ジャイアント・インパクト説で月・地球系の起源が説明できるかどうかが最大の謎である。それを検証するためのもっとも大切な項目については、すでに第二章末尾で述べた。月の起源は月だけに限定されるものではなく、地球とセットで考えないといけないことがポイントだ。本章では、それ以外に説明されるべき月の謎をまとめよう。ただし、この検証では、月の特徴をすべて説明できる、物理・化学の両方の観点を満足する定量的モデルが構築できるかどうかが鍵である。そのために必要な条件は、月の初期状態と、そこから現在の月までの進化の説明に矛盾がないことである。前者を知るためにいろいろなアプローチがありえる。

われわれの手にある知識と実験検証環境を整理しよう。巨大衝突の数値実験環境は、モデルの検証方法として必須事項であり、日本の研究者が世界最先端を走っているのは心強い現状である。月・惑星内部の高温高圧下における元素・鉱物・岩石組成・挙動の知見についても、日本人研究者のお家芸といってよい。こちらは、月全球規模の融解（マグマの大洋）の有無、その規模、それを生み出す熱量を知るために必要である。巨大衝突から月を形成するまでの過程を大きく制約することになる。最後に金属流体核の対流による磁場発生メカニズムの知見。これは、月の古地磁気観測から、かつて磁場を発生させるだけの核が存在していたのか否かを検討するために必要である。もし、磁場を発生させるだけの核があったという話になれば、巨大衝突で金属核成分を月材料物質に配分できるかどうかが検証のポイントとなる。

繰り返しになってしまうが、月探査で最初に明らかにすべき物理的知見は、月の内部密度構造や金属核の大きさ・有無である。慣性モーメントならびに着陸探査機による地震波測定によって求められる。密度だけでは組成にまで換算できないが、金属核と岩石とでは密度差が大きいので、分化していることが仮定できれば、慣性モーメントだけに基づいて物質を層構造に配分するという方法が採れる。アポロまでにかなり行なわれているので、周回衛星軌道の解析でそれをブラッシュアップしてゆくか、アポロ以上の地震計ネットワークを作ることが求められる。

次は、材料物質としての月の全岩組成である。全球リモートセンシングでは一部の元素・鉱物組成について、しかも表面についてしかわからない。火山活動の知見や、不適合元素の議論に基づいて熔岩組成から地下の組成を推定したり、衝突地点直下の深部を露出している直径一〇〇㎞クラス以上のクレーターで直接調べたりすることで、表層からやや下の部分の組成を知ることができる。その情報と、層分化モデル、直前に提示した内部密度構造に基づいて、全岩組成を精度よく推定できるだろう。

密度だけでなく組成の内部構造が把握できると、マグマの大洋の深さや規模が制約され、見通しがよくなる。そもそも、全球規模で融解したという「マグマの大洋仮説」についても、一度に融けず少しずつ火山活動によって生じたとする説と対立していて、決着をつける必要はまだ残っている。これも一筋縄ではいかないが、緻密に証拠を積み上げていくことで、どちらかを否定する、ないし蓋然性《がいぜんせい》の低い不自然なシナリオをあえて考えないと辻褄が合わなくなるという反例が出てくるだろう。回りくどいように思われるかもしれないが、こうして制約条件を増やしていっても整合性が取れるようであれば、ジャイアント・インパクト説の信憑性が高まることになる。

また、地球との物質組成の共通性・相違点、ジャイアント・インパクト説の立場からは物質混合の度合も追加されるが、それらは月の起源・形成モデルを強く制約してよい検証材料となる。さらに議論の精度を上げるには、月面各地の岩石試料を地球上で精密分析することが必要だ。具体的には、同位体組成分析が挙げられる。月および月面各地の岩石試料の絶対年代を求めるだけでなく、材料物質の起源を知るマーカーとして大切だ。地球をはじめとしたほかの天体と物質の交換がなくなった(これを「系が閉じた」と表現する)時の絶対年代を求めることができる。次に挙げてゆく項目と重なるが、月の歴史を絶対年代で知り、月の進化モデルを定量的に論じられる材料をそろえることは、月を理解するうえで決定的に重要である。

月の進化の謎

次に挙げる謎を解明し、定量的に月の歴史年表に位置づけることが目標となる。月が形成されてから現在に至るまでを推定・検証する基本的枠組となる。

大きく分けると、全球規模とそれ以下のものがある。月の起源に直結するのは、やはり全球規模のものなので、それについて述べる。それ以下のスケールの問題は、それぞれの地質活動のメカニズムを記述するために必要であり、直接起源の問題と結びつくとは限らない。そのメカニズムの有無が、より大きいスケールの地質活動の有無や特性を支配して、月全史を考えると無視できない場合もありうる。しかし、この場は、すでに前章までに個々述べたことをもって代わりとし、細かい謎を改めて述べることはしない。物事を進化・変化させてゆく個々の細かい物理化学メカニズムを知り、それを統合して全体を見通すのは、分析してから総合するという科学の基本的思考法ではあるが、月の進化の個々の過程や謎のパーツをすべて並べて示しても、項目が多過ぎてそれに溺れてしまうだろう。以下、解明されるべき全球レベルの謎を五つに絞って列挙してみる。

最大の謎は、裏と表で大きく異なる、月の二分性がどのようにしてできたか、である。月は大規模に融解したマグマの大洋から白くて軽い斜長岩が浮いて表面を覆ったと考える研究者が大勢を占めているが、その厚さが表で薄く裏で厚い理由はいまもって解明されていない。そしてその後の火山活動が表側に集中し、玄武岩の海の分布が偏っている。これは、月の形状中心と質量中心とが地球と月を結ぶ直線方向に約二㎞ずれていることの原因なのか、それとも逆にその結果なのか。二分性が生まれた時期が、月の自転が公転と同期して同じ面を地球に向けるようになった時期の前なのか後なのかが重要な鍵となるだろう。地球と月とが現在のような力学的関係になった時期がいつなのか、そしてそもそもそれは必然だったのかどうか。

第二の謎は、月の海を作った火山活動の熱源が何か、である。大規模に融解した月が固結して、何億年も経ってから噴出している。二分性の謎と絡むが、熱源が表側に偏ったのか、それとも噴出を妨げる因子が裏側に偏ったのか、確証はまだ得られていない。仮にその熱源が放射性元素の崩壊だったとすると、それが表側に十分濃集するメカニズムや、熔岩を噴き上げる効率が裏と表で異なる理由まで合理的に解明しないといけない。

第三は、未分化マントルが本当にあるか否か、月深部に揮発成分があったか否か、である。地震波による月内部構造の解釈によれば、深さ五〇〇㎞でマントルが上下に分割されていて、一部の見方では上部マントルがマグマの大洋として斜長岩を分離してカンラン石組成を示し、それより深い部分は未分化であるとされる。実際、アポロが回収した火山ガラスの中には、未分化なマントルが融けて生じたと思われる、不適合元素に乏しいタイプ（グリーンガラス）がある。鉱物組成に基づいて生成時の圧力が推定できて、その生成深度は約五〇〇㎞と求められ、五〇〇㎞に未分化マントルが存在する根拠となっている。しかし、前の章で説明された通りジャイアント・インパクト説により高温の材料物質から出発したとする見方とは決定的に矛盾するうえ、そのような未分化マントルを深度五〇〇㎞に閉じ込めたまま現在に至ることは、放射性元素の熱で温められることを考慮すると考えにくい。とはいえ、未分化マントルの有無は、月の起源と進化を左右する重要な要素であることは確かである。

また、火山ガラスや発泡した月熔岩の存在が、地下深部に何らかの揮発成分があることを示唆している。マグマが高速で噴出し、その液滴が急激に冷やされることで、火山ガラスは生じる。そもそも高速で噴出するには、粘性の小さいさらさらしたマグマが、地球と同じく何らかのガスが寄与して生じたと考えるのが自然である。また、もう一方の発泡玄武岩は文字通り泡立っていて、形成当時、その空隙には何らかのガスが封入されていたはずである。しかし、こうした噴火に必要なガスが、そういった揮発性成分に欠ける月でどこからどうやって供給されたのか見当がつかない。噴出後、何十億年も経った現在では泡の空隙が真空になっているので、発泡したガスを直接分析することはできない。しかし、鉱物組成から水素や一酸化炭素といった還元的ガスだったろうと想定されている。

第四に、後期重爆撃と呼ばれる隕石群が月を激しく叩いた事件があったか否か、である。アポロ回収レゴリス試料の研究からは、衝突頻度と密接に関係するガラス小球の生成年代分布が示されているが、それによると、隕石衝突頻度が三八億年前にピークを持っている可能性がある。月隕石の研究からはその事象を支持する証拠はまだ得られていない。しかし、そもそも、あるということは証拠により簡単に示せても、ないということはすべてを調べつくしてもなかなか断言できないものなので、この手の議論は解釈が難しい。クレーター年代学や太陽系内の衝突頻度、どのタイミングで太陽系が衝突という観点で掃き清められたのか（つまり衝突頻度が低下したのか）を考える材料となる。また、月の材料物質収支の観点からも大切である。というのも、月形成の初期分化（密度に応じて核とマントルと地殻の層構造に分かれること）の時期よりも後で、この後期重爆撃までの間に何がどれだけ月に供給されたかで、月火山活動のもとであるマントル組成が変わってしまうかもしれない。

初期分化の前に集積したものならば分化の時によく混ざってしまう。しかし、初期分化後の集積は月表層およびマントル程度までを親鉄元素などで「汚染」するにとどめられる。地球組成の研究では、宇宙の元素存在度、コンドライト組成からいくつかの元素で逸脱が見られ、それは初期分化後に外から付け加わった影響とする仮説、あとから薄皮一枚付け加わったという意味でレイト・ベニヤ仮説が提唱されている。彗星によって供給されそれが海洋の起源になった、などと考える研究者もいる。地球と月は広い太陽系の中では同じ場所と見てもよいので、地球に起きた事件は、月でも起きていると考えてよく、お互いの物質収支の整合性をチェックする重要な項目になるかもしれない。

第五に、月の表層進化、とくに巨大衝突盆地やマスコンの理解である。月表層がまだ温かく軟らかい時期に生じた衝突盆地は、アイソスタシーの成立により表層の強度で地形を支えることができず、平らにならされてしまう。これを粘性緩和と呼んでいる。同じ表層強度であれば衝突盆地が大きいほど早く緩和し、同じ大きさであれば強度が小さい時期のものほど早く緩和する。緩和の度合自体はクレーターの直径・深度の比や、重力異常でもって把握することができる。いつ頃のどれくらいの大きさ・深さのクレーターが粘性緩和していて、いつ頃からしなくなったのか。月の海の正の重力異常域、マスコンがいつ頃生じて、どうやっていまもそれを維持しているのか。それらを調べることで、月表層がどのように冷えて硬くなっていったのかを把握できるだろう。マグマの大洋の規模を制約し、ひいては月の起源をも制約する可能性がある。

しかしながら、衝突地形の変形過程に関する知見はまだまだ不十分であり、月のクレーターを詳細かつ大量に調査して、変形過程の本質を帰納できるくらいの研究を進めなければならないだろう。緩和の有無がわかったとしても、そのクレーターがどの深さの情報を反映しているのか、詳しいことがはっきりせず、定量的な表層進化モデルに乗せるにはまだ難しいからだ。

現在の月環境の謎

全体として月に揮発性元素や水やガスが欠けていることはわかったが、地殻表層にはそれら揮発成分を示唆するものがある。火山噴火で高速噴出して生じるガラスや発泡玄武岩、内部から逃す噴出を示唆するLTP（発光現象）、月の極域で大量に見つかった水素原子（これは水の一部を見ているかどうかはまだはっきりしていない）、そして太陽風成分としての水素やヘリウムの吸着したレゴリス。これらの位置づけ、由来や成因を知る必要がある。また、ナトリウムやカリウムといった揮発性元素は、希薄な月大気を形成しつつ太陽風に流されて少しずつ散逸している様子がわかっている。地球における大気散逸率の議論はかなり進歩しているが、月大気についても月・地球系の電磁環境と太陽風との相互作用によりどれだけの効率で流失しているか、把握すべきである。この謎は、磁力計やプラズマ関連計測器で月・地球環境を明らかにすることで解明されるだろう。

月の開発や利用を考えると、真っ先に取りあげられるトピックが、資源の現地調達である。月は鉱物組成レベルで揮発性成分に乏しい、それはたしかに正しいのだが、前に述べた通り、レゴリスには太陽風によってもたらされた成分があるようだ。ほかに、星間塵《せいかんじん》や彗星由来のものが入っているかどうかなど、収支についてまではとくに確認されてはいない。

レゴリスは、資源として騒がれるわりには、可採掘量の見積もりも大雑把で、どの程度の深さまで蓄えられているのか、コスト計算上ほんとうに有利か、よくわかっていない。太陽風由来であれば、ヘリウムとともにレゴリスに打ち込まれたり吸着していたりしているはずで、水素とヘリウムの量比や同位体組成が太陽風成分と一致しているかどうかが物語るだろう。そしてもっとも注目を集めている対象は、永久影の中にあるかもしれない、水の氷である。水素であるとしかわかっていないので、もしかすると水ではなく水素そのものや炭化水素である可能性もあるが、それらがどこからやってきたのかというのは、謎のままである。その場所にそのままにしておけば長期間安定に存在できることは理論的に示されてはいる。しかし、起源まではわからない。彗星由来なのか、枯れているはずの月深部から出てきたものかどうかは、やはり水素の同位体組成比、重水素・水素比が示唆を与えてくれるだろう。やはり、直接サンプルリターンを行ない分析するか、何らかの方法でリモートセンシングにかかるような工夫が必要だ。水の存在確認に目標を絞った月の極域探査で解明されることを期待している。

第六章●「かぐや」が迫る月の起源と進化

「かぐや」月へ帰る

二〇〇七年九月一四日午前一〇時三一分〇一秒、種子島宇宙センターから月周回衛星「かぐや」を搭載したH－ⅡAロケット13号機が打ち上げられた。打ち上げから四五分三四秒後には「かぐや」はロケットから切り離され、月への旅路についた。数度の軌道修正を経て、一〇月四日に無事月を周回する長楕円軌道への投入に成功。その後、徐々に軌道を円形に近づけてゆく制御の途中で二機の小衛星、リレー衛星とＶＲＡＤ衛星を分離し、一〇月一九日には月面上空高度約一〇〇㎞を巡る定常観測軌道に乗った。さらに搭載機器の動作試験を順次済ませて、一二月下旬には本格的な観測を開始した。一九九九年にセレーネプロジェクトとして計画がはじまって以来、実に八年におよぶ開発期間を要した日本初の大型月探査計画がついに実現したのである。

「かぐや」という名称はいうまでもなく日本最古の物語ともされる「竹取物語」のかぐや姫に由来する。この名称は打ち上げ前に一般公募で決定されたものである。日本の人工衛星・宇宙機は、開発中はアルファベットで表記するプロジェクト名称で呼ばれ、打ち上げとともに改めて命名が行なわれる。ちょうど船が進水式の時に命名されるのと同じである。また、リレー衛星とＶＲＡＤ衛星も分離の成功後にかぐや姫の育ての親である「竹取の翁《おきな》」、「竹取の媼《おうな》」にちなんでそれぞれ「おきな」、「おうな」と命名された。先に触れた通り、「かぐや」のプロジェクト名称は「セレーネ（SELENE: SELenological and ENgineering Explore）」である。Selenologicalとはあまり聞き慣れない単語であるが、「月科学」という意味で、もとをただせばギリシア神話における月の女神「セレーネ（Selene）」に由来している（一般にはギリシア神話の月の女神としてはアルテミスのほうが有名であるが、これは当初は別々の神格であったものが、時代が下るにつれセレーネとアルテミスが同一視されるようになった結果である）。「かぐや」と「セレーネ」、いずれも月にまつわる女性名ということになる。

余談になるが、ほかの日本の宇宙ミッションのプロジェクト名称はどちらかというと無味乾燥なイニシャルの羅列であるのに対し、セレーネは口にしやすく、かつ海外の人にも意味の説明しやすい名称として、関係者の間では好評だった。また、打ち上げで名前が変わる習慣は海外ではあまり類例がないようで、説明にちょっとした手間が必要になるが、これも説明を話の接ぎ穂にすることでかぐや姫のエピソードの紹介もできる、という利点にもなっている。

トップクラスのヘビー級探査機

「かぐや」はしばしば「『アポロ計画以来三十数年ぶり』の本格的な月探査計画」であるというように紹介されている。前章までで述べた通り、アポロ以後もクレメンタインやルナプロスペクタな

表6-1　かぐやの諸元表

主衛星	質量 最大発生電力 構体サイズ 姿勢制御 観測軌道 ミッション期間	約 3.0 t（打ち上げ時） 3.5 kW 2.1 m × 2.1 m × 4.8 m 3 軸安定 高度 100 km、軌道傾斜角 90 度の円軌道 約 1 年（月周回軌道）
「おきな」 （リレー衛星）	質量 構体サイズ 姿勢保持 投入時軌道	50 kg 1.0 m × 1.0 m × 0.65 m スピン安定 高度 100 km × 2,400 km の楕円軌道
「おうな」 （VRAD 衛星）	質量 構体サイズ 姿勢保持 投入時軌道	50 kg 1.0 m × 1.0 m × 0.65 m スピン安定 高度 100 km × 800 km の楕円軌道

（「かぐや」パンフレット／ www.jaxa.jp より）

どの月探査計画が何度か実施されている。これらの探査計画と比べて、「かぐや」による月探査はどのような特徴があり、また優位性があるのか、まずはその概略から見てみよう。

表6－1は「かぐや」の主要な諸元をまとめたものである。「かぐや」が主衛星一機に加えて二機の小衛星から構成される三機体制の探査機であることは、ほかのミッションに類例のない、計画上の大きな特徴となっている。ほとんどの観測機器は観測ミッションの根幹を担う主衛星に搭載されている。一方二機の小衛星、リレー衛星（Relay Satellite: Rstar、「おきな」）とVRAD衛星（VRAD Satellite: Vstar、「おうな」）は、後述するように一機の衛星だけでは不可能な高精度の衛星軌道の決定を行ない、月の重力場観測を行なう。

図6－1は打ち上げ前に地上設備内で試験

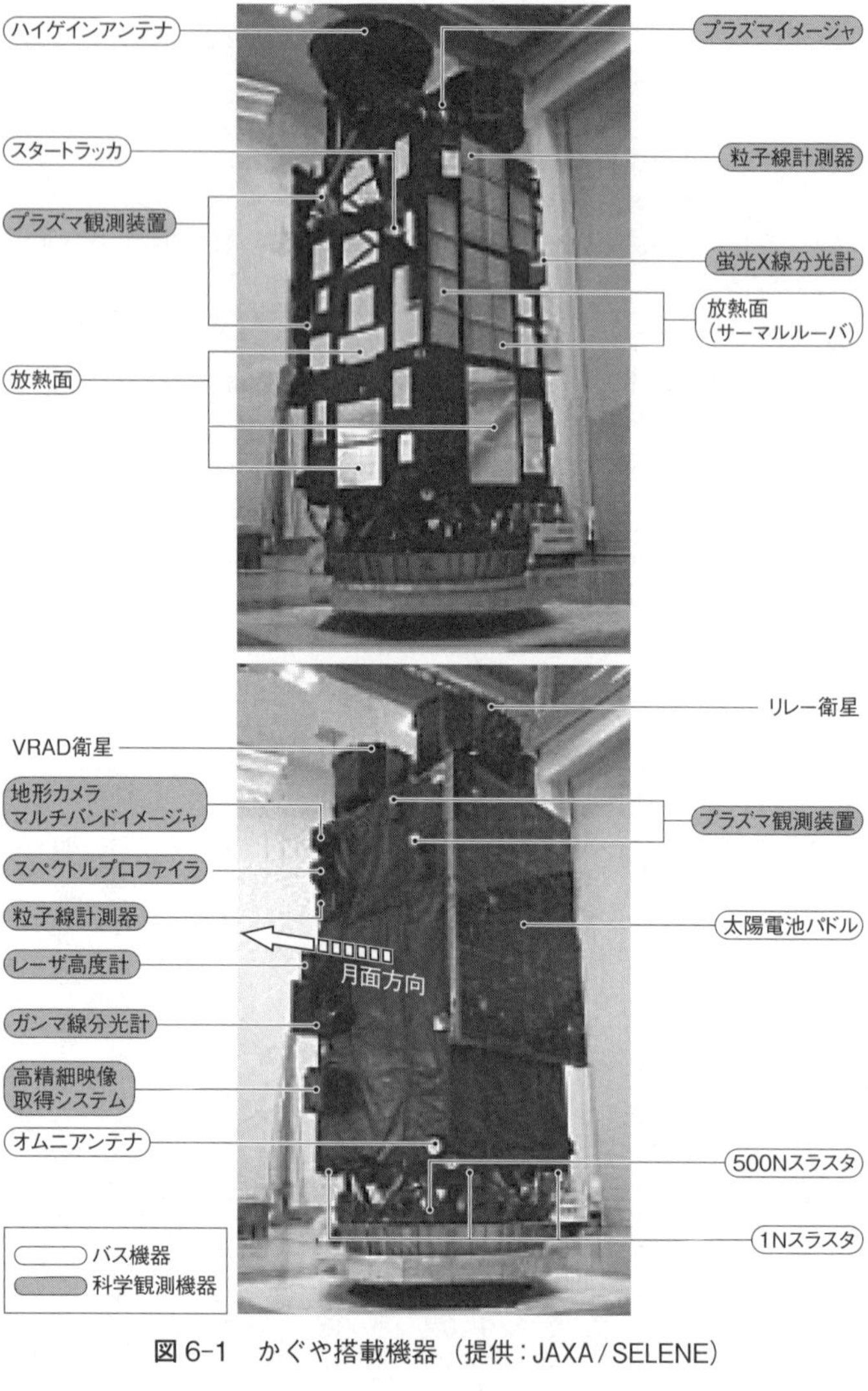

図 6-1　かぐや搭載機器（提供：JAXA / SELENE）

中の「かぐや」の様子を撮影したものである。

「かぐや」主衛星の本体は縦横二・一m四方、長さ四・八mと、ちょうどマイクロバスほどの大きさの直方体で、この本体に対して通信用のアンテナや、太陽電池が取りつけられている。この写真の状態では、これらの外部装備は小さく折り畳まれているが、打ち上げ後に軌道上で展開されて本来の機能を発揮することになる。また、観測機器を収めた小さな箱も本体に多数取りつけられている。「かぐや」主衛星にはリアクションホイールなど、姿勢を精密に制御するための機構が搭載されている。この機構によって、主衛星は月周回軌道上で常に月の重心を指向し続けるように姿勢を制御している。この姿勢の制御の結果、主衛星の特定の面がいつも月面を向くように月を周回することになる。月が地球に対していつも表側を向けて公転しているのと同じような運動をしていると考えればよい。図6－1下の写真の左側に見える面が月面を指向する面にあたり、ここに月面を観測する機器が集中している形になっている。機器によっては月に邪魔をされないように観測を行なうものもあるので、それらの機器は反対側、つまり常に宇宙空間を向いた面や、側面に取りつけられている。

二つの小衛星(リレー衛星とVRAD衛星)は打ち上げ前の段階では主衛星の上に並べて取りつけられている。いずれも底面の差し渡しが一・〇m、高さが〇・六五mの八角柱型をした、ほぼ同型の小型衛星である。二つの小衛星は主衛星に結合したまま月周回軌道に投入され、その後分離して独立した月周回衛星となる。小衛星は主衛星のような能動的な姿勢の制御は行なわず、主衛星から

図6-2　月周回軌道上の「かぐや」想像図（提供：JAXA/SELENE）

の分離時に金属バネの作用で与えられた小衛星自身の回転運動の働きで姿勢を安定させている。月周回軌道上での「かぐや」の模式的な想像図を図6－2に示す。主衛星のアンテナや太陽電池パネルが展開した後の姿となる。二機の小衛星も分離し、それぞれの軌道を巡っている様子が示されている。

月周回軌道に投入された直後の「かぐや」の軌道は近月点高度一〇〇㎞、遠月点高度一万三〇〇〇㎞の長楕円形をしている。ここから主衛星の定常観測軌道である高度一〇〇㎞の円軌道へ移行するためには、遠月点高度を徐々に下げていく軌道制御を行なう必要がある。二つの小衛星はこの過程で分離するので、ちょうど途中の楕円軌道に取り残していく形になる。

リレー衛星の軌道は近月点高度一〇〇㎞、遠月点高度二四〇〇㎞、ＶＲＡＤ衛星は近月点高度一〇〇km、遠月点高度八〇〇kmとなっている。「かぐや」の軌道傾斜角は九〇度、すなわち軌道面が月の赤道に対して直角に立ち、月の北極と南極の上空を繰り返し通過する極軌道である。同様の軌道は地球周回衛星でも地表の撮影を主目的とする地球観測衛星などで用いられている。極軌道の利点は地表(「かぐや」の場合は月面)をもれなく観測できる点にある。極軌道衛星が一回の周回で観測できる範囲は、軌道に沿った細い帯状の領域になる。この領域の月面上での位置は、月が自転するのにしたがって少しずつ動いていく。約二七日、つまり月の自転周期分の時間が経過すると、観測領域も月面を一周してもとの場所に帰ってくる。これが「かぐや」の一回分の月全球観測に相当する。

この時、軌道傾斜角が九〇度でなければ南北両極の上空を通過することはないので、極域の観測のためにも極軌道は必須であるということになる。アポロ計画では司令船の軌道傾斜角はせいぜい二〇〜三〇度であったため、このような全球観測は不可能だった。しかし、「かぐや」を含め月の全球観測を目標とした多くの探査機では極軌道が選択されている。

さて、表6-1にある通り、「かぐや」主衛星の打ち上げ時総重量は約三tである。有人のアポロは別格としても、過去の無人月探査機の重量と比較すると、クレメンタインは四五〇kg、ルナプロスペクタは三〇〇kg(いずれも、打ち上げ時)で、「かぐや」が圧倒的に大きな衛星であることが実感できる。実際、月以外をターゲットとする探査機まで含めたとしてもトップクラスのヘビー級探査機で、むしろ地球を周回する人工衛星に近いと考えたほうがいいぐらいである。

もちろん、重量のすべてが観測のための機器で占められているわけではない。衛星を一つのシステムとして成り立たせるためには、本体の構造物や、電力源となる太陽電池、通信用のアンテナ、搭載機器の維持管理のために重要なインフラを提供するバス機器などが必要である。これに加えて、約一年にわたるミッション期間中、衛星の軌道を正確に維持するための燃料も一t以上積み込まれている。これらの必須要素を除いた残り、およそ三〇〇kgが衛星に積み込める観測機器の重量となる。総重量に対しては一割程度に過ぎないが、これでもルナプロスペクタ一つ分とほぼ同じ質量をすべて観測機器に割いていることになるので、相当に多彩な観測機器を搭載できる。また、単に数が多いというだけではなく、性能においても世界の最高水準を目指して、それぞれの観測機器は開発された。

一五の観測ミッション

「かぐや」の搭載機器によって実施される観測は一五種類の「観測ミッション」として定義されている。観測ミッションでは、それぞれに選任された主任研究者の下、組織された研究者と技術者のミッションチームが観測機器の設計・開発からはじまって、データ取得のための機器の運用、そして観測データの処理・解析までに至るすべての活動を実施する。ミッションによっては固有の観測機器を持たず、バス機器やほかのミッション機器を利用した観測を行なう場合もある。

いずれにせよ、各観測ミッションにはそれぞれ固有の観測目標が存在し、「月の起源と進化の解

表6-2 「かぐや」の15の観測ミッション一覧

観測項目	観測機器	観測内容
元素分布	①蛍光X線分光計	太陽からのX線を受けて月面から放射される二次X線を観測し、月表面の元素（Al、Si、Mg、Fe等）の分布を調べる。
	②ガンマ線分光計	月面から放射されるγ線を観測し、月表面の元素（U、Th、K、H等）の分布を調べる。
鉱物分布	③マルチバンドイメージャ	月面からの可視近赤外光を9つの波長バンドで観測し、鉱物分布を調べる。
	④スペクトルプロファイラ	月面からの可視近赤外光における連続スペクトルを観測し、月表面の鉱物組成を精度よく調べる。
地形・表層構造	⑤地形カメラ	高分解能（10 m）カメラ2台のステレオ撮像により、地形データを取得する。
	⑥月レーダサウンダー	月面に電波を発射し、その反射により月の表層構造(地下数km程度まで)を調べる。
	⑦レーザ高度計	月面にレーザ光を発射し、その反射時間（往復時間）から、高度を精密に測定する。
環境	⑧月磁場観測装置	月周辺の磁気分布を計測し、月面の磁気異常を調べる。
	⑨粒子線計測器	月周辺における、宇宙線や宇宙放射線粒子、および月面のラドンから放射されるα線を観測する。
	⑩プラズマ観測装置	月周辺における、太陽風等に起因する電子およびイオンの分布を測定する。
	⑪電波科学	「おうな」(VRAD衛星）から送信される電波の位相変化を測定し、希薄な月電離層を観測する。
	⑫プラズマイメージャ	月軌道から、地球の磁気圏およびプラズマ圏を画像として観測する。
月の重力分布	⑬おきな（リレー衛星）中継器	月裏側を飛行中の主衛星の電波を「おきな」(リレー衛星）で中継する。これを地球局でドップラー計測し、主衛星の軌道の擾乱を観測することによって、月裏側の重力場データを取得する。
	⑭衛星電波源	「おきな」(リレー衛星）および「おうな」(VRAD衛星）に搭載するS、X帯電波源を対象に、地球局による相対VLBI観測を行ない、各衛星の軌道を精密に計測する。これにより月重力場を精密に観測する。(VLBI：超長基線電波干渉計)
精細画像	⑮高精細映像取得システム	地球および月のハイビジョン撮影を行なう。

(「かぐや」パンフレット／ www.jaxa.jp より)

明」という「かぐや」全体の目標は、各ミッションの成果を統合することではじめて達成される。逆のいい方をすれば、月の起源と進化を解明するために必須となる観測を行なうために、それぞれの観測ミッションが選ばれた、ということになる。この観点から見ると、一五の観測ミッションは大まかに六つの観測項目を達成するためのものとして整理できる。表6－2では観測項目と対応する観測ミッションの一覧を示している。

元素分布の観測（XRS、GRS）

第一の観測項目である、月表面の元素分布の観測は、蛍光X線分光計（X-Ray Spectrometer: XRS）とガンマ線分光計（Gamma-Ray Spectrometer: GRS）によって実施される。まず両機器の原理を簡単に説明しよう。X線やガンマ線は波長が短く、エネルギーの高い電磁波の一種である。物質を構成する原子それ自体が関わる物理学的反応によって、これらの電磁波が発生する。電磁波の持つエネルギーは、それがどの元素から発生したのか、またどのような反応によって発生したのかによって固有の値を持っている。この性質を利用して、電磁波のエネルギーを測定（分光）することによって、発生源の元素の種類、量を測定することができるのである。

蛍光X線とは、原子にX線が照射された時に原子核の周囲での電子の運動状態が変化することによって、原子から二次的に放出されるX線である。月面では太陽からのX線照射によって、月表面の岩石から蛍光X線が発生している。「かぐや」のXRSではこの蛍光X線を分光することで、月表面物質の元素分析を行なう。一方、GRSが観測するガンマ線はX線よりさらに高エネルギーの電磁波であり、主に原子核そのものから発生する。月の岩石中に含まれるある種の放射性元素は自然にガンマ線を発生している。また、月面では外来のガンマ線によって非放射性の元素が放射性の元素に変化（放射熱）し、ガンマ線を放出するようになる場合もある。

いずれの手法についても、過去のミッションでの観測例は存在するが、成果としては不十分な面があった。たとえば、アポロ時代の蛍光X線分光観測は、探査機の軌道傾斜角の制限から、月面のごく一部の領域についてしか行なわれていない。欧州のスマートワンミッションでも蛍光X線分光観測が試みられたが、状況はあまり改善できなかった。一方、ガンマ線分光観測はルナプロスペクタで実施され、鉄（Fe）やウラニウム（U）、トリウム（Th）の全球分布を明らかにすることに成功しているが、観測機器の性能の限界から、ほかの元素については観測できなかった。「かぐや」による元素分析は、これら過去のミッションを量・質ともに圧倒するレベルの成果を挙げることができるものと期待されている。

蛍光X線分光やガンマ線分光の手法を用いて月面物質の元素分布を観測する場合に考慮すべき重要なことの一つとして、X線、ガンマ線の受信信号（シグナル）をいかに数多く得ることができるか、という点が挙げられる。シグナル数が増えれば、存在量の少ない元素も観測できるようになるほか、存在量の計測値自体の精度も向上する。「かぐや」のXRS、GRSではいずれも大型の検出器を用いることで、多数のシグナルを観測しようとしている。また、観測期間を可能な限り長く確保することも、シグナル数を増やすのに効果がある。もともと、XRS、GRSによる観測結果に基づいて、元素分布図のような目に見える成果を得るためには、観測期間中のシグナルをいったん集計・積算してから解析を行なうという手順を踏む必要がある。長い観測期間の間には、月面の同じ場所の上空を何度も通過するので、シグナルを積算して数を増やすことができる。また、最終的なシグナル数が多ければ、集計時に「同じ場所」と考える対象地域の面積を減らして、元素分布図の解像度を上げることも可能となる。

もう一つの重要な要素は、X線とガンマ線のシグナルを受けた際の分光能力であるエネルギー分解能だ。エネルギー分解能が低いと、似たエネルギー値を持つ元素を区別できないため、分析の精度が下がってしまう。また、存在量の少ない元素からの数少ない信号も背景に埋もれてしまうので分析できなくなる。「かぐや」に搭載されているXRSの検出器は、小惑星探査機「はやぶさ」でも採用された高いエネルギー分解能を持つCCDで、同じ検出器を一六枚並べることで、多数のシグナルを一度に受信できる。GRSも検出器として大型・高純度のゲルマニウム結晶を採用し、ルナプロスペクタの時代に比べて圧倒的に優れたエネルギー分解能を実現している。

XRSで観測できる元素は、マグネシウム(Mg)、アルミニウム(Al)、ケイ素(Si)、カルシウム(Ca)、チタン(Ti)、鉄(Fe)等、GRSで観測できる元素はカリウム(K)、ウラン(U)、トリウム(Th)、酸素(O)、Mg、Al、Si、Ti、Fe、Ca、水素(H)等がある。これらの元素の中でとくに重要なものを挙げるとすれば、マグネシウム、アルミニウム、ケイ素、カルシウム、チタン、鉄などとなるだろう。いずれも、月の地殻や海を形作る岩石の主要な構成元素である。これらの元素分析の成果を次節で述べる鉱物分布の観測結果と組み合わせることで、月全体の組成に迫ることができるだろう。また、ＧＲＳで測定できる水素も月の極域における水の存在を確認するために重要である。

鉱物分布の観測（ＭＩ、ＳＰ）

第二の観測項目、月表面の鉱物分布の観測は、元素分布の観測と対を成して、月表面を構成する岩石の種類を探るための観測である。第二章などで触れた通り、天体を形作る固体物質は、原子が化学結合した鉱物や、鉱物がさらに集まった岩石から成り立っている。岩石の種類を特定し、その成因を議論するためには、元素組成だけでなく、その岩石を構成する鉱物の種類を知り、さらにその鉱物の組成まで調べる必要がある。なぜならば、元素組成が似ているのに、鉱物・岩石としてみればまったく種類が異なるという物質も存在しえるからである。たとえばダイヤモンドと黒鉛は、元素組成で考えればどちらも炭素原子だけから成る物質であるが、鉱物としてはまったく別種の存在である。ダイヤモンドと黒鉛はやや極端な例ではあるが、月面に存在する岩石についても似た状況は発生することがある。したがって、鉱物の種類、そしてその量を直接調べることが重要になる、というわけだ。

岩石に光を当ててその反射光を見ると、特定の波長の光が岩石を構成する鉱物によって吸収されてしまうため、その波長の光の強度が弱まっている。反射光を分光して、その波長ごとの強度を測定したものを反射スペクトルと呼ぶ。吸収が生じる光の波長は鉱物ごとに異なっている（これを吸収帯と呼ぶ）ので、岩石の反射スペクトルを取りグラフ化した形状を見れば、岩石に含まれる鉱物の種類とそれぞれの鉱物の量、つまり岩石の鉱物組成を推定できることになる。斜長石、カンラン石、輝石、イルメナイトといった月表面の岩石を構成する鉱物の吸収帯の位置は、可視光から近赤外線（可視光に近い波長域の赤外線）の範囲に集中しているので、この波長域で月面を観測すれば、鉱物組成の推定を行なうことができる。いわば、月の石の色を見て、石の種類を知ることができる、ということになる。「かぐや」の観測ミッションの中では、マルチバンドイメージャ（Multiband Imager: MI）とスペクトルプロファイラ（Spectral Profiler: SP）がこの観測項目を担当している（口絵参照）。

ＭＩは可視光カメラと近赤外線カメラの二つがセットになった多色分光カメラである。ＭＩは月の鉱物の吸収帯位置に合わせた、特定の波長の光だけを透過するフィルタを可視光で五種類、近赤外線で四種類備え、合計九つの波長での分光画像を取得する。分光カメラによる月の観測は、過去には地球上から望遠鏡を用いて実施されたこともある。また、クレメンタインに搭載された分光カメラでは世界ではじめて月の全球をほぼカバーする分光画像が取得され、月科学に大きな進展をもたらした。クレメンタインのデータには、解像度が一〇〇～二〇〇ｍとやや低く、月面に小さく露出している新鮮な岩盤や海の熔岩の層構造などは観測できなかったという難点があった。また、近赤外線カメラはノイズが多く、ミッション後かなりの時間をかけてデータ処理を行なったのにもかかわらず、科学的に有益な結果を出せていなかった。ＭＩの観測波長はクレメンタインのそれをほぼ踏襲しているが、画像の解像度は可視光カメラで二〇m、近赤外カメラで六〇mとクレメンタインと比較すると一〇倍近く改善され、ノイズも非常に低いレベルに抑えられている。

ＭＩが特定の波長の光を抜き出して観測するのに対し、ＳＰは広い波長域の光を連続的に分光することで、岩石の反射スペクトルを取得できるのが特徴である。岩石を構成する鉱物の元素組成に違いがあると、吸収帯の波長の微妙な差となって表われる。ＳＰによって得られたスペクトルでは、吸収帯の位置を正確に特定できるので、ＭＩに比べてより詳しく岩石と鉱物の同定が可能になる。ただし、ＳＰで一度に観測できるのは、「かぐや」主衛星の直下の約五〇〇m四方の領域に限られている。主衛星が軌道上を進行してゆくことで、観測領域を線状に延ばしていくことはできるが、月面上の広い範囲での岩石種の分布を知ることは難しい。そこで、ＳＰとＭＩのデータを組み合わせて観測を行なう計画が立てられている。つまり、ＳＰで取得した反射スペクトルで、岩石種をその構成鉱物の元素組成まで含めて正確に決定し、ＭＩの分光画像でその岩石種から成る地質ユニットの広がりを見極める、という戦術である。

ＸＲＳとＧＲＳで元素組成を調べ、ＭＩとＳＰで鉱物組成を調べることで、はじめて月の表面がどのような物質でできているのかを知ることができる。表面といっても単に薄皮一枚調べただけ、というわけではない。第四章で述べた通り、衝突クレーターは天然のボーリング孔として、地殻の深部、あるいはマントルがどのような物質であるのかを目に見えるようにしてくれている。また、海の熔岩も、もとをただせば地下の深部物質が部分的に溶けたマグマが地表に噴出したものであり、これを手がかりとして、原材料の深部物質の推定ができる。このようにして、物質組成の推定を月の地下深くまで次第に延ばしていくことで、最終的には月全体の組成を知り、その起源に迫ることができるのである。また、当然ながらこの研究の過程は月の歴史を逆に辿ることでもある。つまり、月の起源と進化を同時に明らかにすることができる、ということになる。

地形・表層構造の観測（TC、LALT、LRS）

第三の観測項目は、月面の地形と表層構造の観測である。どんなに詳しく月表面の元素分布や鉱物分布を観測できたとしても、それだけでは月の成り立ちを十分説得力を持って議論することはできない。取得されたデータを解釈するためには、いま見ている観測対象が一体何ものであって、月の進化の歴史における位置づけがどのようなものであるのか、ということを知る必要がある。月の進化とは物質的な変化だけをいうのではなく、地形にも進化の記録が残されている。地形と表層構造の観測は、データの解釈のための背骨になる基礎情報を与えてくれるのだ。

カメラによる表面地形の撮影は、月・惑星探査の黎明期からもっとも基本的な観測手法として用いられ続けている。地形カメラ（Terrain Camera: TC）もこの系譜に連なる観測機器である（口絵参照）。意外に思われるかもしれないが、過去の探査ミッションにおけるカメラでの月地形観測は、量・質ともにきわめて不十分な状態にあった。月の全球をくまなく覆う高解像度の写真地形図はいまだに作られていないのである。これは、アポロをはじめとする過去のミッションで撮像された月面上の領域が月の赤道周辺のごく狭い範囲（月の総面積に対して二〇～三〇％程度）に限られていたためである。

ＭＩの項で触れた通り、クレメンタインによる分光カメラの観測は月全球を覆うことができた。しかし、残念ながら撮影時の太陽入射条件などは地形の解析には必ずしも適していなかったのである。表面の微細な地形を読み取るためには、地面に対する太陽光の入射角は低いほうがよい。つまり撮影対象である月面上に立って見た場合で考えれば、朝方や夕方に近い条件のほうが、山や谷の作る影が長く伸びてよい、ということになる。クレメンタインの搭載していた分光カメラで反射スペクトルの特徴を正確に捉えるためには、対象物がなるべく明るく写っていたほうがよいため、影があまり生じない条件での撮影が行なわれていたのである。また、解像度も一〇〇～二〇〇ｍで、地形の解析には不十分であった。なお、クレメンタインには分光カメラよりも解像度の高いカメラも搭載されていたが、その撮影量は非常に少なく、アポロの欠測分を補うには至っていない。

ＴＣによる地形の観測は、微細な地形まで捉えることのできる高い解像度、全球を覆う広い観測領域、そして地形の解析に最適な太陽光の照射条件での画像の取得により、過去のミッションにおける問題点をすべて克服できる。ＴＣの解像度は一〇ｍで、アポロで実施されたカメラ観測のデータに匹敵している。また、ＴＣは同型のカメラを二基用いたステレオ撮像を行なうことで、月表面の地形を数値モデル化したデータであるデジタル地形モデルを得ることもできる（口絵参照）。つまり、画像上で地形の見た目のみを観測するのではなく、地形が作り出す凸凹を具体的な標高値の形で知ることができることになる。ステレオ視の幾何学的な条件から決まるTCの標高値の分解能は約一八mとされているが、数値モデル作成時の画像処理手法を工夫することで、一〇m以下の微妙な地形の凸凹も検出可能である。TCによって取得される高解像度の画像データとデジタル地形モデルにより、いままでの画像の解像度ではよくわからなかった月の微細な地形の実態を明らかにすることができる。また、より小さいクレーターなどを識別することもできるので、クレーター年代(第三章参照)を用いた月表面の時代区分もより詳しく、正確になるだろう。

レーザ高度計(Laser Altimeter: LALT)も月地形を標高値の形で観測するための機器である(口絵参照)。主衛星に搭載された発振器からレーザ光を月面に向けて照射し、その反射光が主衛星に戻ってくるまでの時間を計測する。光の速度は既知であるから、レーザ光が主衛星と月面の間を往復する際の所要時間を、主衛星と月面の間の距離に換算することができる。一方、本章の後のほうで説明する月重力分布の観測のために、月の重心を中心とした主衛星の軌道は正確に調べられているので、月中心から主衛星までの距離から主衛星と月面までの距離を差し引くことで、月中心から月面までの距離、すなわち月面の標高値を計測できるのである。同様の機器はクレメンタインにも搭載されていたが、クレメンタインの月周回軌道の制約から、全月面の観測はできなかった。LALTでは完全な極軌道をとる「かぐや」の特性と、一年という長いミッション期間を活かして、クレメンタインの数十倍の密度で月面の標高値を計測できる。

ＴＣのデジタル地形モデルとＬＡＬＴの地形データの関係は、ＭＩの分光画像とＳＰの連続スペクトルデータの関係と似ている。ＬＡＬＴではレーザ光の発振頻度は一秒に一回であり、標高の計測点は月面上でまばらに分布することになる。しかし、その計測の原理はＴＣで用いるステレオ視の手法に比べて単純であるため、標高値の精度は高く、短い期間で月の全球を覆い尽くすことができる。また、計測点がまばらといっても一年間観測を続ければ、月全体の形状を把握するためには十分な密度のデータをそろえることができる。

一方、ＴＣのデジタル地形モデルは作成に時間がかかるものの、一〇ｍの解像度で月面をくまなく埋めることができる。つまり、「かぐや」の観測が一段落した後で、ＬＡＬＴの計測点の隙間をＴＣのデジタル地形モデルで埋める作業をゆっくり行なうことで、最終的には非常に詳細かつ正確な月の地形モデルを構築することが可能となる。こうして得られる月の高精度な全球形状データは、月の地形的な二分性などを論じる際の重要な基礎情報となるほか、後述する月の重力分布の情報と合わせて、月の内部構造の解析にも用いられる。

月レーダサウンダー（Lunar Rader Sounder: LRS）は、電波で月の地下構造を観測するミッションである（口絵参照）。「かぐや」主衛星の前後の隅から四方に伸びた長さ一五ｍの四本のアンテナを二本一組のダイポールアンテナとして電波の送受信に使用する。送信用のアンテナから月面に向けて周波数約五ＭＨｚ、波長にして約六〇ｍのＨＦ帯（短波）の電波を放射すると、電波は月の地下数㎞の深さまで浸透し、地下に何らかの構造があればそこで反射して戻ってくる。これを受信アンテナで捉え、反射波が戻ってくるまでの時間と、その強度を解析することで、月の地下構造を知ることができるのである。原理的には、魚群探知機や、医療分野の超音波エコー診断とよく似ている。レーダサウンダー探査はアポロ計画で実験的に行なわれ、この手法で月の地下構造探査が可能であることを実証した。そして、「かぐや」のLRSがはじめて本格的な探査を実施することとなった（ただし、火星探査機では「かぐや」以前に欧州宇宙機関の打ち上げたマーズエクスプレスによる観測例がある）。

LRSで捉えることが可能な月の地下構造としては、海の熔岩流の層構造や、巨大クレーター内部の変形構造、あるいはクレーター周囲に分布する放出物（イジェクタ）の層構造などがある。いずれも月の進化過程を知るうえで重要なターゲットである。それらは、現在は地下に埋もれてしまっていて直接画像などからではわからない情報であるとともに、現在地表に見えているものの来歴を知るうえでも重要なターゲットである。つまり、表面の観測の成果をもとに、月の地下深くまでその成り立ちなどを理解することができる、ということになる。ただし、観測手法の特性上、データの解析には時間を要するほか、観測対象が地下にあって直接は見ることができないこともあって、解析結果の解釈には地質学の深い知識が必要となる。

LRSのアンテナは、受動的に動作させることで、自然界の微弱な電波も高い感度で受信することができる。月は地球から遠く離れているうえ、衛星が月の裏側に位置している間は月自体が地球からの電波を遮蔽《しゃへい》するので、自然電波の観測にも好適である。太陽系最大の惑星である木星からは、

HF帯の電波が放射されていることは広く知られている。木星電波など、惑星からの電波放射の発生機構を調べるための観測は、LRSのもう一つの重要な目的である。

月面環境の観測（LMAG、PACE、CPS、RS）と地球プラズマ環境の観測（UPI）

これまで説明してきた数々の観測ミッションは、月本体を直接的に観測することを目的としている。一方、月面環境の観測ミッションでは、月の周回軌道上で磁場やプラズマ、粒子線などを観測することで、月本体に加えてその周辺環境をまとめて大きな一つのシステムとして捉え、研究を進めようとしている。磁場やプラズマの研究は、日本の宇宙科学のお家芸として、数多くの地球周回の科学衛星を打ち上げ、さまざまな成果を挙げてきている。月面環境の観測は、これらの科学衛星の運用を通じて長年培ったノウハウを、月という新たな研究対象に適用しようとするものである。

月磁場観測装置（Lunar Magnetometer: LMAG）は、月周囲における磁場環境計測を行なう。ノイズを低減するため、主衛星から一二mの長さで伸びるマストの先端に取りつけた検出器で、月磁場のほか、月内部の電気伝導度構造の探査を行なう。現在の月は地球のような大規模な固有磁場を持っていないが、局地的な磁気異常を示す領域がいくつか存在することが知られている。また、月の表側にあるライナーガンマ領域など、磁気異常の発見される地域において月面自体にスワールと呼ばれる不思議な明暗の模様が現われている場合もある。これらの磁気異常とスワールの形成過程はまだよくわかっていない。磁気異常・スワール形成を直接引き起こしたのは、大規模な隕石衝突であるという説が有力であるが、磁気異常の源泉となる何らかの磁場の存在を想定する必要があるからだ。太陽系内全体に広がる惑星間空間磁場が源泉とするモデルもある一方、過去の月が持っていた固有磁場が源泉であるという考え方もある。月固有磁場の有無は月の内部構造を議論するうえで重要な問題であり、月磁気異常の成因が明らかになれば、この議論に大きな手がかりを与えることになる。

プラズマ観測装置（Plasma energy Angle and Composition Experiment: PACE）は、月周辺の宇宙空間に存在するプラズマ中のイオンや電子を計測するための観測ミッションで、三種類、四基の検出器を用いることで、イオンや電子の種類、速度、量を測定する。第三章で述べた通り、月には月面から放出されたナトリウムやカリウムなどの揮発性元素、そしてヘリウムやアルゴンなどの希ガスから成るきわめて希薄な大気が存在している。この薄い大気は、太陽からの紫外線を受けて電子とイオンに分離して電離層を形成していると考えられている。また、月には固有磁場がないために、太陽からの太陽風は磁場に遮られることなく、月大気へと直接吹きつけている。ＰＡＣＥでは、検出器に次々飛来するイオン粒子の特性を一個一個個別に測定することで、個々のイオンの来歴を明らかにするとともに、月の大気の様相と、太陽風と月大気との間に生じる相互作用について知ることができるのである。イオンや電子の運動は月周辺の磁場環境にも影響されるので、ＰＡＣＥのデータ解析にはＬＭＡＧの磁場観測の結果も用いられる。

粒子線計測器（Charged Particle Spectrometer: CPS）は、宇宙線などの高エネルギー荷電粒子を計測する粒子線分光計（Particle Spectrometer: PS）と月面から放出されるアルファ粒子を計測するためのアルファ線分光計（Alpha Ray Detector: ARD）の二つの装置から成る。ＣＰＳは月周辺空間における宇宙放射線環境の基礎データを提供する。ＡＲＤの観測対象であるアルファ粒子は、ラドン（Ｒｎ）原子の放射性壊変（崩壊）に伴って発生する。ラドンは月地殻中に存在するウラン元素が放射性壊変を繰り返してほかの元素へと変化する過程の中で生成される、揮発性の高い元素で、月面の環境ではガスの状態にある。ラドンの壊変の半減期は三・八日と非常に短いので、ラドン起源のアルファ粒子を計測することで、現在の月地殻内の状態を調べることが可能となる。また、過去の月探査ミッションでは、ラドンの生成・放出場所が月面の特定の場所に限られていることも示唆されている。ＣＰＳではアルファ線源の空間的な位置を特定できるだけでなく、時間変動も捉えることができる。もし突発的なラドンの放出現象が観測できれば、月震以外の活動がまったくない静かな天体という、旧来の月の見方が大きく変わる可能性もある。

電波科学（Radio Science: RS）は、ＰＡＣＥの項でも述べた月の大気、電離層を観測するためのミッションである。月の電離層は、ＰＡＣＥのように大気を構成するプラズマを直接計測する方法のほかに、探査機が発する電波が月の電離大気を通過する際に起こす屈折や電波の周波数のずれによっても調べることができる。これが電波科学観測の原理である。一九七〇年代に実施された旧ソ連のルナ探査機でこの手法での月電離層の観測を行なったところ、電離層の密度は当時理論的に予想されていた値の一〇〇〇倍に達している、という結果となった。しかし、この値は予想に比べてあまりに極端であるのと、観測精度にも問題があるとされ、現在のところ広く受け入れられてはいない。「かぐや」のRSでは、小衛星の「おうな」からの電波を地球で受信することで、月の電離層の密度とその構造を改めて観測する計画となっている。ほかの観測ミッションとは異なり、専用の観測機器を用いるわけではないが、現状では非常に乏しい月の大気についての知識を大きく広げることができるという点で、重要な意義を持つ観測である。また、月面とその周辺の環境についてよく知ることは、将来の月面上での有人活動にあたって、どのような装備が安全上必要なのかを考えるうえでも重要となる。

超高層大気プラズマイメージャ（Upper-atmosphere and Plasma Imager: UPI）は、「かぐや」の観測ミッションの中で唯一月を観測対象としないミッションである。UPIの観測対象は、その名称にも示されている通り、地球の超高層大気環境である。「かぐや」の周回する月は、地球から三八万kmの距離にある。このため、「かぐや」から地球を見ると、地球とその周囲に広がる高層大気を一つの視野に簡単に収めることができる。つまり、月は地球高層大気の全体構造を観測するのに絶好の観測地なのである。UPIでは、「かぐや」主衛星を地球を観測する宇宙天文台として、高層大気研究の分野に新たなデータをもたらすことを目指している。UPIは地球周辺のプラズマを撮像するための極端紫外光カメラ（TEX）と、南北両極上空などで発生するオーロラなどを観測するための可視光カメラ（TVIS）という、二つのカメラを持つ。TEXとTVISは、主衛星から伸びた短いアームの上に、常にカメラを地球方向に向けるための稼動機構（ジンバル機構）とともに積載されている。これは、「かぐや」から見た地球の向きは時々刻々変化するためである。

重力分布の観測（RSAT、VRAD）

月の重力分布は、通常の方法ではうかがい知ることのできない月の内部構造を明らかにしてくれる。「かぐや」では、月重力場の強弱の分布を正確に計測することにとくに力を入れており、リレー衛星中継器（Relay Satellite Transponder: RSAT）と衛星電波源（VLBI Radio Source: VRAD）の二つの観測ミッションをもって観測を行なう。両ミッションとも、「かぐや」の二つの小衛星、「おきな（リレー衛星：Rstar）」と「おうな（ＶＲＡＤ衛星：Vstar）」が重要な役割を果たすミッションである。

月重力場の計測原理自体は単純である。重力場の場所による変動が存在すれば、それを反映して衛星の軌道運動に変化が生じる。これを監視することで、重力異常の分布を計測することが可能となる。衛星の軌道速度の変化は、衛星と地球の間で電波信号（測距《そっきょ》信号）をやり取りし、信号に生じるドップラー変動を計測することで測定できる。この手法による衛星軌道の監視は、あらゆる衛星において日常的に行なわれている標準的なものであり、探査機が月に送り込まれるたび、重力場の計測が行なわれている。「かぐや」以前の最良の重力分布図は、ルナプロスペクタの観測データをもとにして作成されたものであった。しかし、月の重力分布を正確に調べようとする時には二つの大きな問題があった。ＲＳＡＴとＶＲＡＤでは、この問題をそれぞれ新しい独自のアイデアで解決しようとしている。それぞれの観測手法の概略は、図６－３に示されている。

まず、第一の問題は、探査機が月の裏側にある時は電波信号の送受信が不可能で、軌道の監視もできなくなってしまう、という点である。この制限のため、過去の重力分布測定では、裏側の重力分布は本質的には測定不可能であって、一定のモデルのもとでの推測だけが行なわれている状態だった。RSATでは、主衛星が月の裏側にある時でも地球と主衛星の間の測距信号をリレー衛星が中継することで、主衛星の軌道運動を監視できるようにした。従来の手法が衛星と地球間のみの測距信号のやり取りを行なう（2－wayドップラー計測）のに対し、リレー衛星を間に挟むRSATの手法は4－wayドップラー計測と呼ばれている。4－wayドップラー計測によって、これまでまったく手の届かなかった月の裏側の重力分布を観測することが可能になったのである。

もう一つの問題は、ドップラー計測では月の表と裏の境界域、地球から見た時の月辺縁部における重力場の計測精度が落ちてしまうという点にあった。ドップラー変動で計測できるのは、衛星の速度である。とくに、衛星と地球を結んだ線の向きの速度変化は正確に測定できる。衛星に対する月の重力異常の影響は、月面に垂直な向きの衛星位置や速度の変化として表われる。月の辺縁部では月面に垂直な方向とは、ドップラー計測の観測精度が低い、衛星—地球方向とは垂直に交わる向きである。このため、過去の月重力場観測では、月の裏側だけでなく裏と表の境界部においても、表側の中心部に比べれば計測精度が落ちていた。VLBIは、もともとは天文学において電波望遠鏡の観測精度を上げるために開発された観測手法である。この手法はさらに測地学に応用され、地球のプレート運動などを高精度で計測するためにも使われている。ドップラー計測が対象物の速度を測定するのに対し、ＶＬＢＩ観測では対象物の存在する方向（位置）を正確に測定できる。ドップラー計測が苦手としている月の辺縁部における衛星の軌道の変化は、ＶＬＢＩ観測では逆に観測しやすい運動である。つまり、ＲＳＡＴとＶＲＡＤミッションは、それぞれの得意分野を組み合わせることで、月全球の重力異常の分布を計測するのである。

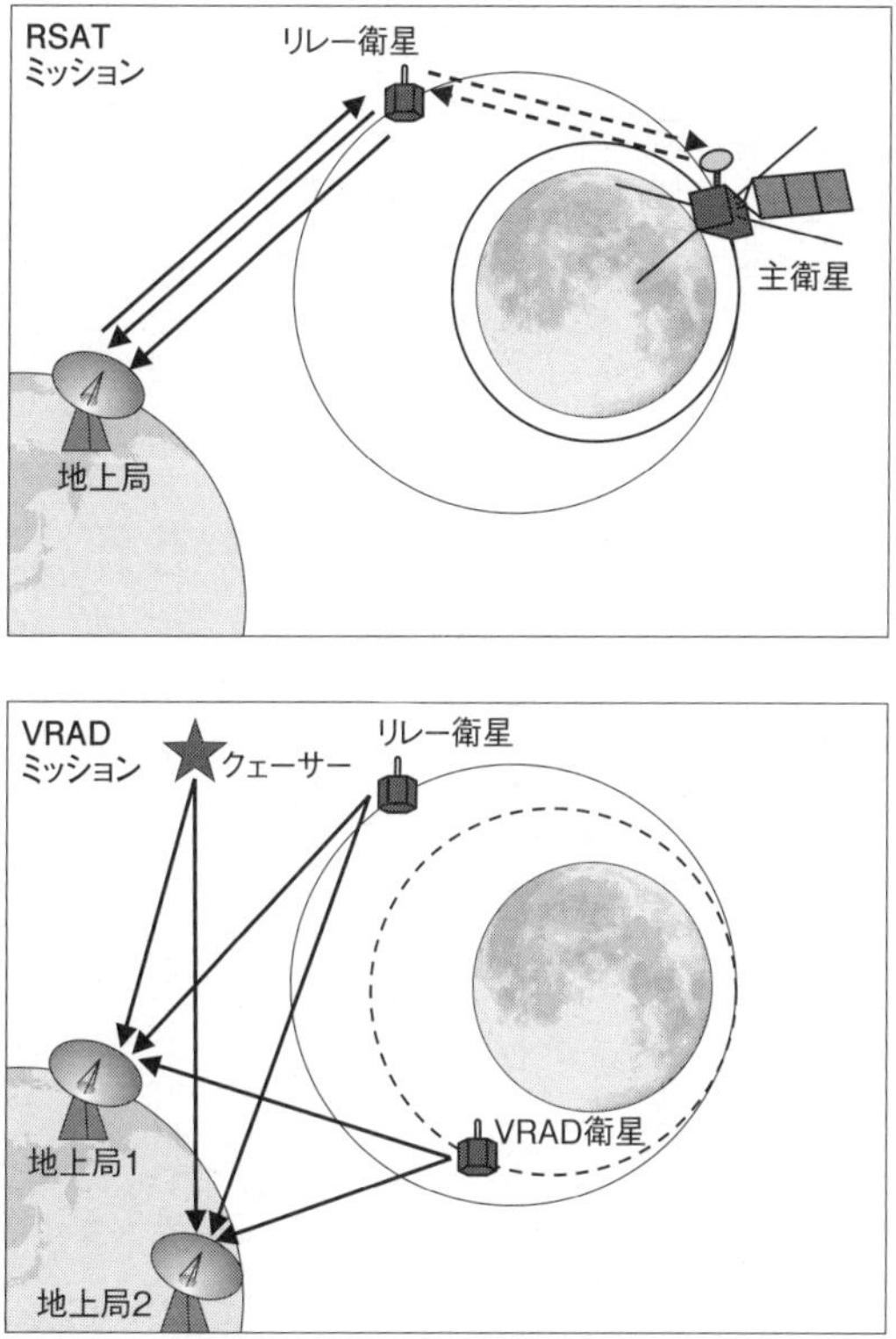

図6-3　「かぐや」RSAT、VRADのミッション概念図。RSATでは、リレー衛星によって地球と主衛星との間の測距信号のやり取りを中継することで、主衛星が月の裏側にあってもその軌道運動が監視できる。また、同時にリレー衛星自身の軌道運動も監視する。VRADでは、リレー衛星とVRAD衛星に搭載された電波源からの信号を地上の複数のアンテナで受信することで、両衛星の軌道上での位置を精密に測定する。遠方にある天体であるクェーサーからの電波も観測することで、測定の精度をさらに上げることができる。

重力分布の観測結果からどのように月の内部構造を明らかにできるのだろうか。重力場の分布は、月の内部のどこにどのような密度の物質が存在するのか、ということを直に反映している。つまり、地下に高い密度の物質があればその上空では重力が強く、低い密度の物質があれば重力が弱くなる。月を構成している岩石の基礎的な知識があり、密度の情報さえあれば、具体的にどのような岩石が存在するのかについても推測ができる。結果として、重力の分布から月の内部にどのような岩石が存在しているのかという情報を得ることができるのである。ただし、重力の変化は月表面の凸凹そのものにも影響を受けるので、このような解析を行なう際にはＬＡＬＴまたはＴＣのもたらす地形のデータも不可欠である。また、地下物質の密度変動や、表面の地形によって発生する地下の圧力差を緩和する機構であるアイソスタシー（第四章参照）がどの程度成立しているかについても、重力分布と地形の情報から知ることができる。アイソスタシーは地殻が厚く、地下内部が冷えているとなかなか成立しないので、月におけるアイソスタシーの研究からも、月の内部に関する情報を得ることができるのである。そして、月の表側と裏側での内部構造の違いを比較することができれば、月の二分性についての理解も深まることになる。

ハイビジョン映像（ＨＤＴＶ）

観測項目の六番めは高精細映像取得システム（High Definition Television: HDTV）、いわゆるハイビジョンカメラによる映像取得である（口絵参照）。ここまでの五つの観測項目、一四のミッションとは異なり、ハイビジョンカメラによる映像の取得は科学ミッションではなく、広く一般に向けての広報活動を行なうための観測とされている。「かぐや」には広角カメラと望遠カメラ、画角の異なる二基のハイビジョンカメラが搭載されている。どちらも二二〇万画素のCCDを青・緑・赤の三原色に対して各々独立に一基ずつ、計三基割り当てて使用している。広角カメラの画角は四四度、望遠カメラの画角は一五度であり、いずれも主衛星の進行方向軸に平行な方向に対して斜め下向き（月面方向）に取りつけられている。ただし、視野方向は広角カメラと望遠カメラで一八〇度逆向きである。つまり、広角カメラが主衛星の進行方向斜め下を見下ろしながら月面を撮影できる時、望遠カメラのほうは後ろを振り返る形で月面を撮影できる（なお、主衛星の進行方向は時期によって逆転することがあるので、その場合には広角カメラと望遠カメラの前後の関係も逆転する）。

「かぐや」のハイビジョンカメラで撮影された映像でもっとも有名なものはなんといっても「地球の出」と「地球の入り」だろう。HDTVの視野には常に月の地平線、すなわち月平線が見える。主衛星の軌道面上に地球がある時、つまり、月の経度〇度の子午線上（裏側では経度一八〇度）を衛星が通過している時、衛星が極の上空で月の裏側から表側に向けて飛行してゆくと、進行方向を指向する側のカメラでは、月平線の向こうから地球が次第に姿を現わす様子が撮影できる。これがいわゆる「地球の出」である。また、逆に月の裏側へ向けて衛星が飛行する際には、月平線に地球が沈む「地球の入り」が起きる。カメラの視野は固定されているので、この現象をHDTVで撮影できるチャンスは月に二回しかやってこない。さらに、「満地球の入り」や「満地球の出」は、太陽が地球の真正面に位置している時、つまり、地球、月と「かぐや」、そして太陽が一直線に並ぶ時にだけしか撮影できない。このような条件になるのは年に二回だけである。「かぐや」のＨＤＴＶではこの数少ないチャンスを捉えて「地球の出」と「地球の入り」を撮影したのである。「地球の出」をはじめて見、カメラで撮影したのは、アポロ８号の宇宙飛行士だった。その後の月探査機でも何度か静止画で似たような構図の写真は撮影されている。しかし、ＨＤＴＶでは、世界ではじめて動画での「地球の出」と「地球の入り」の撮影に成功したことになる。高精細映像で捉えられた「地球の出」の様子は、動画ならではの強いインパクトを見るものに与え、「かぐや」、ひいては日本の月・惑星探査、宇宙開発の成果を広く知らしめるのに寄与している。

「地球の出」と「地球の入り」以外にも、ＨＤＴＶは月面の特徴的な地形を対象とした撮影を何度も実施している。地形カメラやマルチバンドイメージャに比べてＨＤＴＶの広角カメラは視野も広く、月面を斜めに見下ろすことで月面の凸凹も把握しやすいので、まるで人が「かぐや」に乗って月を見下ろしているような、迫力と臨場感のある画像を得ることができる。これは広報素材として非常に有益であるだけでなく、科学的にも高い価値を持つデータである。地形カメラの最大視野でも一度に撮影できるのは幅約四〇㎞の範囲にとどまるのに対して、ＨＤＴＶ広角カメラでは三〇〇㎞近くの広い領域を一挙に一つの視野に収めることができる。月の裏側などの詳しい地図が未整備の領域では、高解像度の画像だけでは、周辺の状況が不明なため、画像中に見えるものの解釈が難しいことがある。このような場合にＨＤＴＶの広視野画像は解析の助けとなりえる。最終的には科学ミッションのためのカメラによる月の全球撮像が完了し、解像度の高さと被覆範囲の広さを兼ね備えた月の地図が作製されれば、これが解析の基礎データとなるはずだが、それまでの間はHDTVの画像が科学的解析にも用いられることになるかもしれない。

第七章●「かぐや」以後の月着陸探査と科学

探査には一定の流れがある

もし、あなたの目の前に、はじめて触れる「何ものか」があったら、どうするか？　それが食べ物なのか置物なのかもわからないようなものを、どうやって判定するだろうか？

いきなり口に入れたら危ない。さわってもけがをするかもしれない。まずは、遠くからよく見て観察することになるだろう。しばらく観察してみて、もし大丈夫なようであれば、おそるおそるさわってみることになる。もしさわってみても安全そうであれば、許されるものならば表面を少し削ってみて、もう少し詳しく調べてみたくなるかもしれない。

月やほかの惑星探査も、同じような経緯をたどっている。いきなり見知らぬ惑星に着陸するなどということはあまりにも危険であり、高いコストと長い準備期間を無駄にすることになるからだ。第二章でも触れているが、探査の流れについて、ここで簡単におさらいしておこう。

最初の探査は、遠くから天体を眺めることになる。その天体に向かって探査機を打ち上げて、脇を通り過ぎるのだ。このような手法を「フライバイ」という。脇を通り過ぎる時だけが探査のタイミングなので探査時間は限られるが、何よりも簡単であり、はじめて行く天体であればそれだけでも十分な成果が得られる。

フライバイで天体の様子がある程度わかったら、次に行なうのが周回探査である。天体の周りに探査機を回して、天体の表面をくまなく調べ上げる。難易度は若干高くなるが、これによって表面の情報はくまなく得られるということになる。

周回探査によって表面の情報が全球的に得られたとしても、それはあくまでも全体的なもので、いわば「広く浅く知る」という状態にほかならない。知識を補うためにはやはり、代表的な地点に降り立って、その付近の情報を非常に細かく知るのがよい。これが第三段階の「着陸探査」である。着陸機を降ろすだけではなく、この段階では探査車（ローバ）を走らせて、ある程度広い領域を探査することもある。

そして、表面の様子がわかれば、いよいよ、そこからものを持ち帰る段階に達する。これが「サンプルリターン」である。サンプルリターンは、単に行くだけでなく、地球に戻ってくるということもあり、探査の難易度は無人探査の中でもっとも高いが、得られる情報量は後述するように非常に多い。

さて、ここまでの探査の流れ……フライバイ→周回→着陸→サンプルリターンという方法が、月やほかの惑星探査の中でどのように進められてきているかを、表7－1に表わした。

表 7-1　月や惑星の探査実施状況（2008 年 5 月現在）

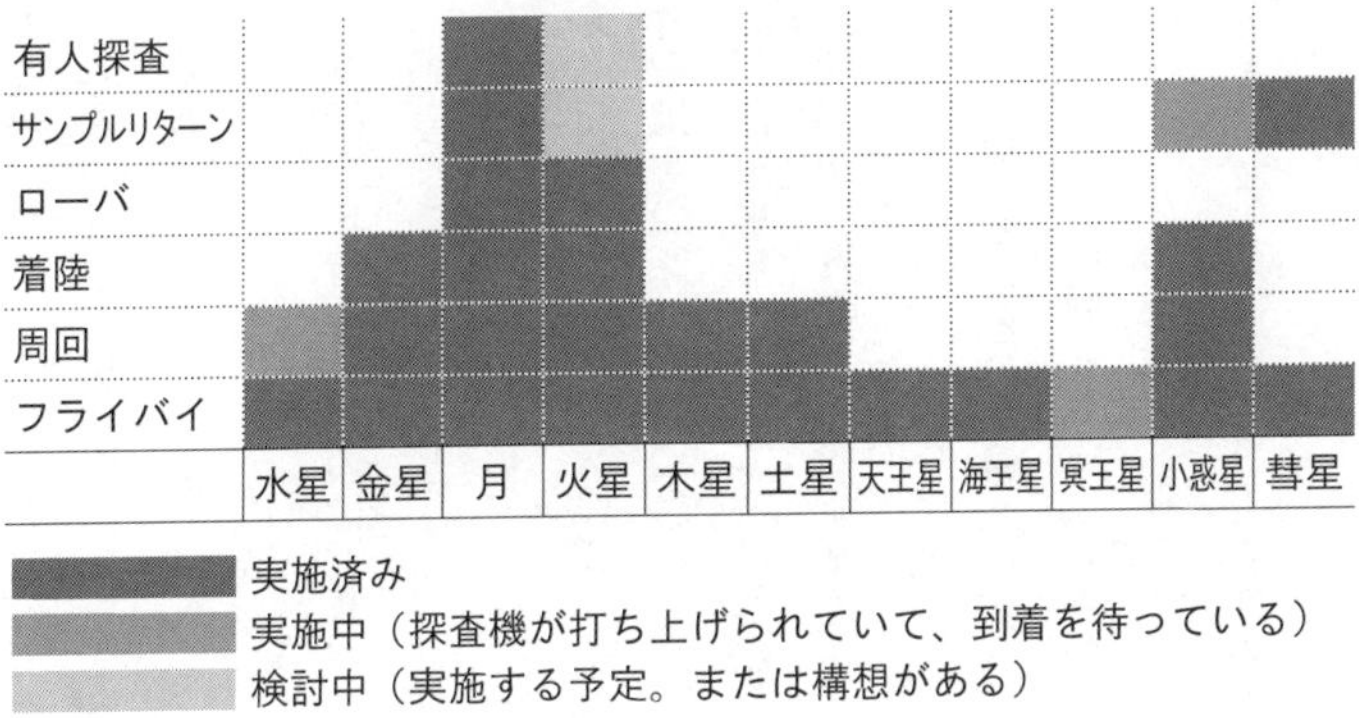

では、月探査について見ていこう。月探査はアメリカと旧ソ連によって、一九五〇年代末からはじめられた。この段階ではフライバイからはじまった。やがて、何度かのフライバイを経て、周回探査へと移っていった。この段階で月の表面の写真を撮るなどの探査を行なった。アメリカの探査でいえば一九六六年からの「ルナオービタ」がこの段階である。

次に着陸探査に移るわけであるが、これはアメリカでいえばやはり一九六〇年代の「レインジャー」「サーベイヤ」、旧ソ連の「ルナ」の後期のシリーズに当たる。ルナシリーズでは「ルノホート」と呼ばれる無人ローバも活用して探査を進めた。

そしてサンプルリターンである。アメリカは最終的にサンプルリターンを有人のアポロ計画により実行したが、旧ソ連では「ルナ」シリーズによりサンプルを獲得している。探査、とくに無人探査の流れということでいえば、アメリカよりも旧ソ連の探査のほうが王道を行っているともいえるのだ。

こうして、現在のところ、出所のはっきりした天体のサンプルを持っているのは、月と彗星（ビルト第二彗星。アメリカのミッション「スターダスト」による）だけである。日本の探査機「はやぶさ」が小惑星イトカワのサンプルを二〇一〇年に持ち帰ってくれば、それに新たなリストが加わる。また、二〇一〇年代には火星からのサンプルリターンも計画されている。

着陸探査を行なったのは、月、火星、金星、そして土星の衛星タイタンである。月については前述の通りであるが、火星、金星に関してはすでに一九七〇年代から着陸機が降りており、表面の様子を事細かに明らかにしている。火星についてはその後はローバ探査を主体とし、二一世紀に入ってからはとくにアメリカによって精力的な探査が進められている。

月やほかの惑星探査において、周回探査の次の段階として、着陸、そしてサンプルリターンという流れは定着しつつある。日本としても、「かぐや」のあとの着陸、そしてサンプルリターン探査という構想が、科学者の間で議論されているのである。

着陸して調べることの意義

たしかに、周回探査でも、表面の物質の様子を調べることは可能だ。第六章でも述べたように、表面のスペクトルを調べることで、その鉱物が何であるか推定することはできる。蛍光X線分光計やガンマ線分光計により、表面の物質の元素組成はかなりの程度わかる。しかし、それだけで十分なのだろうか。

まず、周回探査でわかることは、あくまで表面の情報に過ぎない。「一皮めくると」という言葉があるが、表面のわずか一μm（一〇〇〇分の一mm）の情報と、その下の情報はまったく違っているかもしれない。

月の場合、さらに問題になることがある。月は地球のように、表面の物質が頻繁に入れ替わるということがない。地球であれば、風や水の作用により表面の物質は移動し、比較的新鮮な物質が表面に露出することになるが、月の場合にはそのようなものを移動させる作用は、せいぜい隕石の衝突くらいである。したがって、表面の物質はそこに数百万年以上、場合によっては数億年にわたって存在することになる。

そうするとどのようなことになるだろうか。第三章でも述べたように、月面には流星物質がたえず降り注いでいる。これらの物質が衝突すると、瞬間的に高熱になる。この時、レゴリスの中に金属鉄ができることがある。これは、やはり月面にたえず降り注いでいる太陽風に含まれる水素が、鉱物に含まれる鉄を還元させ、金属鉄を作り出してしまうからである。さらに、衝突の高温で石がガラス化するという現象も生じる。このような作用を宇宙風化作用と呼ぶが、これによって、本来鉱物が持っているスペクトル型が変わってしまうのである。

岩石の形成にはさまざまな要因がある。とくに月の岩石で重要なのは年代の測定である。その石がいつできたのかを知ることは、月面の局所的な歴史、さらにはそれをつなぎ合わせることによって浮かび上がる、月全体の歴史を知るうえでも重要なポイントである。

図7-1　アポロ15号が持ち帰った斜長石の地殻標本。「ジェネシスロック」と呼ばれる。（提供:NASA）

アポロ15号の調査によって採集されてきた石の中には、年代が四五億年に近い岩石のかけらを含む岩石が発見されている。この岩石は、「創世記の石」という意味を込めて「ジェネシスロック」と名づけられている（図7－1）。

ジェネシスロックは、いまでは、月の生成直後のマグマの大洋から最初に浮かび上がってきた高地の石であろうという解釈がなされている。このような解釈ができたのも、年代測定がなされたからである。しかし、岩石の年代をリモートセンシングで測るという技術は現在も存在しない。年代を調べるためには、岩石に微妙に含まれる各種放射性同位元素（ウラン、ルビジウム、トリウムなど）の量を精密に調べることが必要である。

こういったことを行なうためには、サンプルを直接地球に持ち帰って測るか、現地にそのような機材を持ち込んで測定するしかない。しかし、石にわずかに含まれる元素を抽出して調べる機器を、コンパクトにして着陸機に搭載するというのは、いまはまだ現実的ではない。ここはやはり、持ち帰って調べるという方法が適切だろう。

以上のようなことを考えると、リモートセンシングによる月面探査には、限界が存在しているのである。したがって、上空からの探査によるデータが集積した段階で、次のステップ、つまり地上（月面）における月探査を考えなければならない。

地質学者シュミット飛行士の功績

アポロ計画では、月面でさまざまな調査が行なわれた。いちばんわかりやすいのは岩石の採集であろう。岩石だけではなく、砂なども回収されたが、その総量は約三八〇kgにも達する。現在でもこれらの試料の一部はアメリカ・テキサス州のジョンソン宇宙センターに大切に保管され、許可を得た研究者が大切に解析を続けている。また、アポロ計画における月面探査では、簡易的なボーリング機器を用いて、月面直下の砂の状況についても調査した。

このように、アポロ計画では月面の岩石などについていろいろな調査を行なっているが、いちばん重要といえる探査が、アポロ17号のハリソン・シュミット宇宙飛行士による地質調査であろう。

もともと、シュミット飛行士は地質学者である。したがって、岩石についての深い見識を持っているという点で大きな役割があった。それだけではない。アポロ17号の着陸地点は、高地と海という、月の二つの地質区分の接点に当たるところであった。したがって、両方のサンプルが得られることが期待された。また、アポロ15号から導入された月面車により、広い地域にわたって大量のサンプルを得ることが期待されたのである。

実際、シュミット飛行士たちは精力的に着陸地点周辺を動き回り、持ち帰った月の試料の総量は一一五kgと、ほかの探査を上回りアポロ計画史上最大の持ち帰り量となった。

また、もう一つ重要なことがある。シュミット飛行士は、着陸点付近にあった、どこから落ちてきたかわかる岩石から直接サンプルを採取してきている。

通常、地球上で地質調査を行なう際、私たちは岩石が露出しているところ（露頭）によじ登り、そこに露出している岩をハンマーで割り、その石を試料として持ち帰ってくる。しかし、それまでのアポロ探査の場合、持って帰ってきた石は「そこに落ちていた」というものが多かった。地質調査においては、出所がはっきりしない、どこから来たかわからないような石は、「転石」と呼ばれ、調査の際にはなるべく避けることが鉄則である。その意味でも、シュミット飛行士の調査は、本格的な地質調査であったといっていい。

一方、アポロ17号の地質調査でも限界はあった。たとえば、高地の石とされたものについても、おそらくは実際には、その上の山の部分から転げ落ちてきた転石であろうということで、本来の石であるかどうかを確かめることはできなかったのである。これは、探査時間が限られていたこと、その場所への移動手段が見つからなかったことなどを考えると、当時としてはしかたなかったことである。

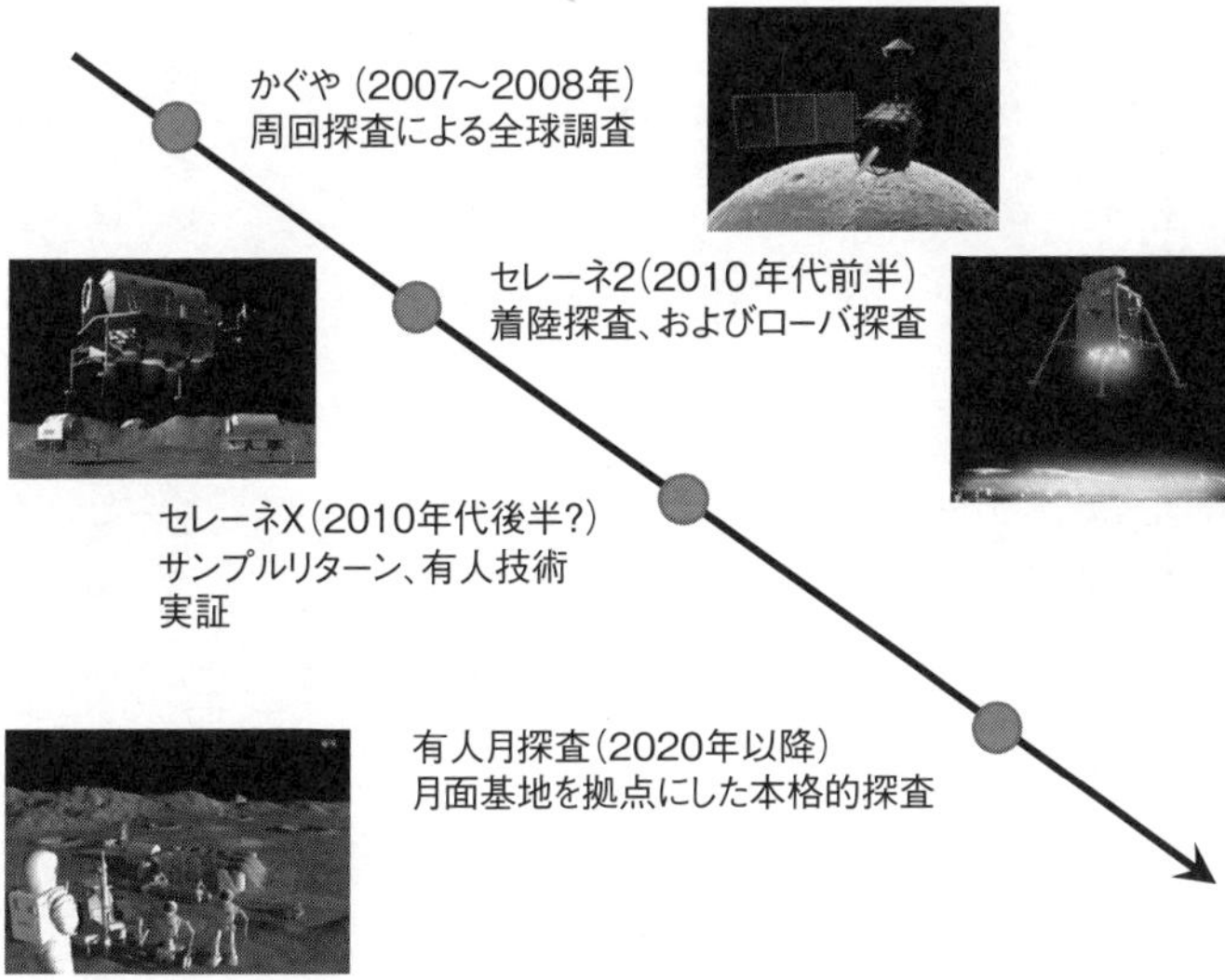

図7-2　日本の月探査の流れ（提供：JAXA）

さて、アポロ11号の人類初の月着陸から約四〇年。私たちが手にしている月のサンプルは、第三章で述べたように、四〇年前のアポロ計画のものと、旧ソ連のルナ計画により持ち帰られたもの、そして月の隕石として確認されている主に南極で発見された隕石の二種類しかない。隕石については、その隕石が月のどこから来たものかがわからないということを考えると、月の地質学へ応用するという点では若干難しい点があることは否めない。

　このようなことから、「かぐや」に続いて、新たな月面調査、月面サンプルの採取、そしてそれを利用した月科学ということを考える時代がやってきたともいえる。

　これについての大まかな流れを図7－2に示した。以下述べていくように、二〇一〇年代前半には、「セレーネ2」として着陸探査を行なう。二〇一〇年代後半には「セレーネX」としてサンプルリターン探査を行なう。そして、そのあとには有人探査へと進んでいく。この有人探査については、日本が行なうのかどうかということはまだはっきりとは決まっていないが、いずれ、その流れについての議論が起きてくることは間違いないであろう。

着陸探査「セレーネ2計画」

もともと、着陸探査という計画は技術主導で、いまの「かぐや」計画そのものにも存在した。最初に検討されていた「かぐや」のプランでは、「かぐや」後部の推進モジュールが一年間のミッションの最後で切り離され、月に着陸することになっていた。これは、将来的に月面、さらにほかの天体表面への軟着陸という技術が、月やほかの惑星探査で必須になることから、その技術を習得しようという目的があったためである。

しかし、その計画は途中で変更されることになる。大きな理由は、リスクが大きいということである。「かぐや」計画を着実に成功させるために、リスクが大きい着陸実験技術をキャンセルし、周回探査に絞ることにしたのである。こうして、「かぐや」は周回探査一本でいくことになった。

しかし、科学者、技術者は決してあきらめたわけではない。キャンセルされた着陸探査の部分をさらに煮詰め、科学的な目的も含めて再検討されることになった。最初の呼び方としては、着陸計画を「セレーネB」、その後のサンプルリターンなどの長期的な探査を「セレーネ2」と呼んでいたが、現在では着陸探査そのものをセレーネ2と呼び、二〇一〇年代前半の実現を目指している（図7－3）。

どこに降り、どのような探査をするか

図 7-3　2010 年代半ばまでに月着陸を目指す「セレーネ 2」想像図。H-ⅡA ロケットで打ち上げ、着陸精度 100 m の誤差で着陸。ロボットアームを備えた月面探査車を走らせる。（提供：JAXA）

着陸機を何回も降ろせるならともかく、私たちが持っているチャンスはいまのところ一回しかない。そのためには、着陸点の選定が非常に重要なポイントになる。

これは、アポロ計画当時の問題点を想起しなければならないだろう。アポロ計画の場合、人間を月に運ぶことが最優先された。そのため、着陸場所は安全な場所、つまり比較的平らな海を中心として選定されたのである。アポロ15号以降では高地なども着陸地点に入ってきているが、あくまでも安全な場所ということが優先され、月の地質学の観点からその場所が重要であるかという点に関しては、あまり考慮されていないのではない

かと、いささかの疑問が存在する。

一方、これまでの月探査により、月についてはさまざまに興味深い場所があることが判明した。中でも、近年もっとも注目を浴びているのが、月の裏側、南極近くにある「南極―エイトケン盆地」であろう。

この盆地は、実は肉眼では見ることができない。一九九四年、アメリカが打ち上げた探査機クレメンタインに搭載されていたレーザ高度計により、月の詳細な地形図が作成された。この地形図によって、月の裏側にある奇妙な地形が浮かび上がったのである。

巻頭口絵の図は、このクレメンタインの地形図よりもはるかに精密な、「かぐや」のデータを利用した地形図である。二〇〇八年四月に発表されたこの図では、低いところは青、高いところは茶色で表示されている。注目すべきは月の裏側である。南極のあたりから赤道近くにかけて、青い領域が広がっているのがわかる。この部分を、南極―エイトケン盆地と呼んでいる。この盆地の両端に、南極とエイトケンクレーターが存在していることから、こういう名前がつけられたのである。

驚くべきは、この盆地の広さである。直径が二五〇〇㎞もあり、いま知られている太陽系の盆地構造の中では最大級である。なぜ、そしていつこのような盆地ができたのか、そして盆地が生成されたことにより、月にどのような影響があるのか、といったことはまだまったくわかっていない。月の科学者、とくに地質に携わる科学者にとっては、いまもっとも注目すべき場所といえるであろう。

南極―エイトケン盆地がクレーターであるのか、あるいは月面の地殻変動などによって生じた窪みであるのかどうかについてはまだわかっていない。しかし科学者の大半は、この盆地が、月の形成当初に発生した巨大な衝突によってできた盆地(クレーター)であると推測している。そうであるとすれば、その衝突は太陽系形成史の中でも特筆すべき大イベントであったことは間違いない。また、これだけの巨大な衝突が起きたとすれば、月面だけでなく、月の奥深いところへも影響が及ぼされたことが考えられる。

衝突クレーターの形成過程については第三章でも紹介したが、クレーターの直径のおよそ五分の一の深さの穴が穿たれ、周囲にも掘削された物質が飛び散る。つまり、南極―エイトケン盆地ほどもある巨大盆地が衝突現象でできたと考えると、その掘削の深さは月の地殻を貫いて、マントルにまで達している可能性が高い。

南極―エイトケン盆地は非常に古い地形で、後から生じた多数の衝突クレーターに覆い隠されて、ほかの衝突盆地で観察されているようなマルチリング構造があるかどうかなどは定かではない。しかし、適切な場所を選べば、そこには掘り返された月内部の物質が露出している可能性が高いということになる。このため、もしそのような物質を発見できれば、わざわざ深く月を掘り返すこともなく、月内部の物質を手に入れることができるという期待ができる。また、直接探査により、南極―エイトケン盆地の年代がより正確にわかることが期待される。

クレーターへ降ろす着陸技術

このような月内部の物質が露出している場所が特定できたら、そこへ向けて一刻も早く探査機を送り込みたい、というのが科学者の心情だと思う。実際私もそうである。しかし、探査という観点からすると、まずは状況を冷静に判断することが望ましい。

まず、南極―エイトケン盆地が、裏側に存在するということを忘れてはならない。このことは、通信を行なううえで非常に不利な条件であるということを意味している。ご承知の通り、地球からは月の裏側を見ることはできない。したがって、月の裏側から、直接地球と通信を行なうことができない。このため、裏側に着陸した着陸機のデータを地球に送信するためには、月を周回する衛星を打ち上げ、その衛星が月の表側に来た際にデータを受信するようにする方法がいちばんわかりやすい。

一方、着陸場所の選定にも注意が必要である。無人で着陸させるためには、安全を見越し、かなり広く平らな場所が必要になる。しかし、月の裏側は基本的にはクレーターに富む、かなりごつごつとした場所が多い。そういった場所に降ろすためには、高度な着陸制御技術が必要になる。

もう一つの問題は、着陸をすべて無人で成し遂げなければいけないということである。電波が届かないことから、着陸はすべて、現地の着陸機が判断をして、その場所へと向かわなければならない。これは非常に高度な技術が要求されるが、おそらくは、小惑星探査機「はやぶさ」で成し遂げられた自律的な接近技術に、さらに磨きをかけた技術が必要になるであろう。

さらに、単に南極―エイトケン盆地に着陸しただけでは、探査としては不足である。最終的な目標が露出領域にあるからである。おそらく、適切な着陸場所を選ぶためには相当難しい作業が必要になり、目的とする場所に直接着陸できない可能性がある。そうすると、着陸機から目的地まで到達するための手段＝ローバが必要になる。

この場合、ローバがどのくらいの距離を走ることになるかはまだわからないが、一ついえることは、このローバも自律的な走行機能を有していないといけないということである。地球からの遠隔制御はまず不可能であるから、自分で判断し、危険な場所を避け、目的地までもっとも効率的なルートを探すことが求められるだろう。

科学探査の眼

では、科学機器は何を搭載すればよいだろうか？

これは、ロケットの重量制限などをはじめとして、各種の制限によって決まってしまう面が大きいとは思われるが、まず必要なものは、探査地点の岩石を精密に調べ上げるためのツールである。では何を調べなければいけないかというと、

・岩石の組成　（鉱物種、元素組成）
・岩石の特徴　（岩石組織の様子、産出の条件、状態〈大きさ、色、風化具合まで〉など）
・周辺の様子　（露頭の模様、ほかの調査地点との比較など）

などが重要といえるであろう。これらを調査するために考えられる機器としては、
・高精度の分光計
・元素組成を調べるための、蛍光X線分光計などの装置
・岩石の特徴を調べるための近接カメラ
・全体的な様子を撮影するための広角カメラ
・岩石の新鮮な組織を露出させるための岩石研磨装置
などになる。これらの測定装置のほとんどは、アメリカの火星探査ローバである「マーズ・エクスプロレーション・ローバ」に搭載されているものと変わらない。火星ローバの場合には、火星における水の存在を確認するということを念頭に調査を行なっているが、この調査とは実際には、火星表面に存在する岩石の調査である。その意味では、月での着陸探査と様相が似てくるのは、ある意味で当然であるといえよう。

なお、探査については現在科学者や技術者が真剣な議論を重ねているところである。私たちもその行方について、大いに注目していきたいところである。

一方、諸外国でも着陸探査への流れが進んでいる。中国は「嫦娥2号」として、月着陸機を降ろすことを計画している。アメリカも、二〇〇八年一〇月打ち上げ予定の「ルナ・リコナイサンス・オービタ」に続く月探査として、着陸探査の検討に入っている。ヨーロッパも着陸探査についての検討を盛んに行なっている。

この流れの中で、二〇一二年を「国際月探査年」として、各国が協力して月を集中的に探査しようという動きがある。この年には、ロシアの「ルナグロブ」、民間月探査レースである「グーグル・ルナ・Xプライズ」をはじめとして、多くの着陸、ないしは表層探査が計画されている。この波にセレーネ2が乗ることができれば、各国との協力の下、大きな成果が期待できるといえるであろう。

なぜサンプルリターンは必要か

膨大な月試料がすでに得られていて、この先さらに非常に難しいサンプルリターン探査を行なう必要があるのだろうか？　これは、よく聞かれる質問でもある。

私はたいてい、その質問に対してこのように答えている。

　私たちが地球の岩石を理解する時に、サハラ砂漠とゴビ砂漠の岩石で、すべてを理解したことになるだろうか？

もちろん、月は地球のように多種多様の岩石が分布するような環境ではない。おそらくは、月の岩石は高地と海という二つの局面で分かれるであろう。しかし、それをもっと局地的に突き詰めれば、その岩石に含まれる成分の微妙な違いなどから、いつその岩石ができ、どのような環境で生成されたのかを理解することが可能だ。

先にも述べたように、このような細かい岩石の成り立ちを知るためには、現地調査だけでは不可能であるといわざるをえない。将来的な機器技術の向上を加味したとしても、やはり地球に持ち帰ってきて、ありとあらゆる分析を行なえるような環境で、じっくりと分析したほうが、科学的成果もより高いものが得られることは論をまたないであろう。

これまで月から持ち帰られてきた岩石はすべて月の表側の岩石に限られており、また着陸地点の制約もあり、その多くが海の岩石である。

月の成因を探るうえで非常に重要なポイントになると思われるのが、本書で再三、触れたように、月がなぜ、高地と海というまったく異なる二つの地質区分に分かれているか、という点である。これについては、月が形成当時、マグマの大洋に覆われていて、その中から岩石が晶出《しょうしゅつ》（結晶として析出すること）して最初に浮かび上がってきたものが現在の高地を形成した、という説が有力になっている。しかし、そもそもマグマの大洋が月に存在したのか、そして高地がそのようにして形成されたのかどうかについては、確証が存在しないのが現状である。

また、サンプルを得なければまずわからないことも多数ある。先に述べた年代測定をはじめ、岩石中の同位体元素の存在比率を利用した岩石の生成時の環境推定、岩石全体の成分分析など、現地調査だけでは現在の技術では不可能、ないしは難しいとされることが多数存在する。この意味でも、月のサンプルリターンは大きな意味があるといえるだろう。

第五章では、いまだ解決されていない月の謎について触れた。もちろん、これらの中には、「かぐや」による月探査によりある程度明らかにすることができるものもあるだろうが、やはりサンプルを持ち帰ることによってより明確にできると期待されるものもある。たとえば、月の二分性の問題、平たくいえば「海と高地がなぜあるのか」という問題であるが、高地のサンプルがより多く回収されれ、高地の岩石に関しての分析が進めば、月の最初期に何が起きたのか、とくにマグマの大洋があったのか、あったとしてどのくらいの規模だったのかを知る大きな手がかりが得られるだろう。また、アポロ計画において回収されたグリーンガラスが示した未分化マントルの問題は、より広範な地域でサンプルが回収されることにより、そのより詳しいいきさつを知ることができるであろう。

サンプルリターン計画の技術的な課題

しかし、サンプルリターンは無人探査の中でもきわめて難しい技術だということは間違いない。過去、無人探査機で天体のサンプルを採集してきたのは、月については旧ソ連のルナ探査機、小惑星や彗星については、日本の小惑星探査機「はやぶさ」やアメリカの彗星探査機「スターダスト」がある。

このうち、「はやぶさ」と「スターダスト」は、いずれも小さな砂や微粒子などを対象としている。また、ルナ探査機は岩石を採集したが、探査機自体が非常に大きく、余裕のある装備を持つことができた。

翻って現在の技術ではどうだろうか。大きなロケットが調達できれば、もちろんのことであるが余裕を持ってサンプルリターン機を送り込むことは可能であろう。しかし、経済的な問題も考えると、そのような余裕はなかなかないというのが現実であろう。

そうすると、探査機としてどのくらいの大きさの機器を送り込むことができるだろうか。いま、「かぐや」を考えてみると、打ち上げ時の重量は約三tで、月面到達時の重量は約二tであった。単純にロケットの大きさが同じであるとすれば、H－ⅡAロケットで月へ送ることができる大きさはこのくらいになるであろう。

サンプルリターンのためには、まず月周回軌道から月面に着陸させるための機構と燃料を確保したうえで、さらに、サンプル採集機構と地球帰還のためのロケットを組み込まなくてはならない。これは実際かなり難しい問題であることは想像にかたくない。将来的により小型の衛星機器技術が開発されないと、現在の技術ではこの大きさにまとめるのはかなり難しいであろう。

一方、これを克服する考え方として、二機のロケットによる打ち上げ案が考えられる。たとえば、最初のロケットにより着陸機部分を打ち上げ、次のロケットによりサンプルリターン機構と地球帰還モジュールを打ち上げる。これらを地球周回軌道、ないしは月周回軌道上でドッキングさせ、月面へと運び込むというプランである。ロケットが二機必要になる分、予算は倍増することにはなるが、安全性および実現性はやや高いプランになることが期待される。

次に、サンプルをどのくらいの量回収するかである。ルナ計画では三回サンプルリターンが行なわれた。一九七〇年のルナ16号では約一〇〇g、一九七二年のルナ20号では三〇g、一九七六年のルナ24号では合計約一七〇gという実績がある。単純に当時の技術と現在の技術を比較することは難しいが、技術が進歩した一方で持ち込める探査機器の量が限られることを考えると、同じように一〇〇gくらいのサンプルの回収というのが基本線として考えられるであろう。

さらに、サンプルをどのような地点から回収するかについてもいろいろな考え方があるであろう。

図 7-4　より大きな着陸機で本格的なサンプルリターンを目指す「セレーネ X」。(提供：JAXA)

もちろん、理想的なのは、これまで誰も試みてこなかった、月の裏側からのサンプルリターンである。しかし、これは技術的に見ても非常に高度であり、リスクが大きなミッションといえるであろう。

そのため、もし何段階かが踏めるのであれば、最初に月の表側でサンプルリターンの実証を行ない、その次に月の裏側を目指すという戦略が考えられる。また、表側と裏側の高地の岩石の違いを知るために、表側であっても高地に降り立つことも重要と考えられる。

サンプルリターンについては、技術的な面では検討がはじまったばかりであるが、多くの国で、将来を見据えたサンプルリターン技術の開発が行なわれている。とくに、火星探査では、二〇一〇年代にサンプルリターンを行なうことがほぼ固まってきており、その技術の応用によって、月面の無人サンプルリターンが実現できる可能性が高い（図7－4）。

なぜ人間が行かなければならないのか

ロボット技術がいくら進んだとはいっても、人間の判断力にかなうロボットはいまだ存在しない。私たちが月面に行って行ないたいことは、ずばり「地質調査」である。では、地質調査とは何か、地上で行なわれている例で見てみよう。

私たちが地球の地質を調べる場合、まず、岩石が露出している部分（露頭）を調査する。岩石の重なり方を調べ、地層の傾きを記録し、露出している岩石を記載する。その際、表面の岩石は風化している可能性があるので、ハンマーなどを用いて岩石を崩し、できるだけ新鮮な岩石を調べることが必要だ。

このような記載を、何か所もの露頭で行なって（もちろん、露頭を見つけるということも必要だ）、それをまとめることによってその地域の地質図を作成する。その地質図から、その地域の地質学的な成り立ち（地史）を組み立てることが最終的な目標になる。

ここまでのことがいまのロボットにできるだろうか。もちろんある程度は可能であろう。現に、たとえば二〇〇四年に火星に着陸した「マーズ・エクスプロレーション・ローバ」には、表面の岩石を削り、顕微鏡写真を撮影して、岩石表面の新鮮な組織を撮影することができる装置が搭載されていた。このような機械、あるいはそれが進化した機械を搭載すれば、もしかすれば人間が行かなくても可能なのではないか……？

しかし私は、最終的に人間が月に行って科学調査を行なうことは不可避と考える。

まず、人間の判断力は機械に大きく勝っている。地質調査の場合、どの露頭を調べるか、あるいはどのような岩石が重要であるか、といった問題については、実は地質学者の直感的な能力、つまり経験に裏打ちされた判断が大きく働いているのである。

あるいはリモートで行なうという選択肢はないだろうか。ローバに搭載されたカメラとハンマー、研磨道具により、「ロボット地質学者」が地球からの指示により探査を行なうというストーリーだ。もちろん、そのようなこともある程度は可能だろう。とくに、人間が行くと危険な領域、たとえばクレーターの内壁などの急傾斜部分などは、このようなロボット地質学者の活躍の場が存在すると思われる。

しかし、ここでも人間の記載能力にはやはりかなわない。カメラを通じて見る岩石の表面と、人間が自分の目で見た岩石の表面とでは、やはり差異が存在するものなのである。

有人探査の利点

ロボットが発達しているとはいえ、やはり人間の目でその場所を調べるということが重要であることは、いささかも変わっていない、厳然たる事実である。繰り返しになるが、アポロ17号でのシュミット飛行士の地質調査が高く評価されているのは、その分野のエキスパートが実際に月面に降り立ち、地球における地質調査と同等の手法で、月面の調査を行なったからである。

たしかに、ロボット技術は長足の進歩を遂げている。有人探査がターゲットとしている二〇二〇年頃には、たとえば、人間と同じような眼を持ち、柔軟なロボットハンドを装備した「地質調査ロボット」が出現し、地球、あるいは着陸ステーションからのリモートコントロールによって地質調査を行なう、ということもあり得る。

では人間は行かなくていいのか、というと、私はそうは思わない。人間にはやはりロボットを超えた能力が備わっているからである。

一つは判断力。その岩石を採集すべきかどうか、またその岩石を採取することによってどのような科学的意義があるか、といったことを、現地で考えられるのは人間しかいない。

もう一つは踏査能力である。たとえば、火星を現在探査しているマーズ・エクスプロレーション・ローバでも、三年かけて探査範囲はだいたい着陸地点の一〇km以内の場所に限られる。実はこの範囲は、アポロ17号における探査範囲とそう変わらない。アポロ17号での探査時間はたったの二二時間である。人間が動くということはそれだけ効率的であり、多くの科学的に価値のある岩石を一気に得られる、ということである。もちろん、二〇二〇年頃には滞在技術もはるかに進歩しているであろうから、もっと時間をかけ、長距離、広範囲を探査することも期待できるだろう。

一方で、人間だけでは限界があることは確かである。一つは、月面には危険な場所が多数あるこ

図7-5　将来の月探査は、人間とその作業を手伝うロボットが担い、資源探査、長期滞在などさまざまな活動が計画されている。（提供：JAXA）

とである。たとえば、クレーター内部の内壁には、地下の地層が露出している可能性が高いが、急傾斜になっているクレーターの内壁を人間が降りることには大きな危険が伴う。

また、月の裏側も、サンプルの採取には魅力的な場所ではあるが、通信の問題などを考えると、いきなり人間が行くにはまだまだハードルの高い場所であるといわざるを得ない。月の裏側については、二〇二〇年の時点でも無人探査が主となることであろう。

以上のようなことを考えると、月面における探査は、人間（有人技術）と無人ロボット探査との組み合わせによって実現させるというやり方がもっとも現実的であると考えられる。

有人探査の可能性

有人探査は、月探査の究極の段階ともいえ

る。それに向けて、すでに各国が動きはじめている。アメリカは二〇二〇年の有人探査計画に向けて輸送手段などの開発をはじめている。中国やインド、ロシアなども月面基地については意欲的である。

日本はどうだろうか。JAXAが二〇〇五年に発表した長期計画「JAXA2025」では、日本の宇宙探査が目指す長期的な方向の一つの可能性として、月面での有人探査について触れられている（図7－5）。

問題は、日本が現時点では有人の宇宙探査計画を持っていないということだ。正確にいうと、有人による宇宙探査は行なっているが、輸送手段はアメリカに依存しており、日本自身が望むタイミングで打ち上げるという手段を持っていないということにある。

一方、ロケット技術という観点からいえば、日本のロケット技術は着実に進歩を重ねている。現行のH－ⅡAロケットに続き、より能力を増強したH－ⅡBロケットが二〇〇九年度には初飛行を行なう。H－ⅡBの目的は当面、国際宇宙ステーションへの物資輸送に使われる輸送モジュール（HTV：H-Ⅱ Transfer Vehicle）の打ち上げであるが、その能力はほかのことにも使えるはずである。ただ、H－ⅡBをもってしても、人間を打ち上げるためにはまだ能力が足りない。より強力でかつ効率を向上させた次世代のロケットが必要になってくる。

さらに、そのようなロケットを日本が開発すべきかどうか、といった根本的な問題点がある。これまで日本は独自の有人探査を避け、無人探査に傾注し、「はやぶさ」のようなアクロバティックとすらいえる無人探査を成し遂げてきた。このような技術を進化させて、コストがかからない無人探査に集中すべきだという意見も科学者、技術者には多い。

「JAXA2025」にも、有人探査については一〇年後、つまり二〇一五年くらいをめどに国民や政府の判断を仰ぎ、進めるかどうかを決定すると述べている。もちろん、宇宙開発計画は国によって決定されるものであり、JAXAが「やりたい」といったからといってできるものではない。そこは国民の意思が重要なファクターになるのだ。

月を知ることは、地球を知ること、ひいては私たち自身を知ることにつながる。いま、私たちは、月への旅を通じて、究極の「自分探しの旅」へ出発しようとしている。自分たちを知るためのキーワード、それが、「月の科学」なのだ。私たちの挑戦は、まだ第一歩に過ぎない。私たちはさらに歩みを進めることができるのだろうか?

月への一歩をさらに進めるのは、JAXAでも宇宙飛行士でもない。政策を決める、私たちなのである。

おわりに

二〇〇七年九月一四日、午前一〇時三一分〇一秒、会津大学講堂にH-ⅡAロケットの轟音《ごうおん》が響きわたり、幼稚園児から小中高大学生、一般の皆様まで、満員四〇〇人の拍手と歓声が満ちあふれました。高等教育機関ではじめてとなる、JAXAから衛星配信された「かぐや」打ち上げライブ中継の一般向けパブリックビューイングの様子です。ロケット打ち上げをリアルタイムで見る機会はまずないこともあって、ちょっと前まで騒がしかった子供たちも、カウントダウンがはじまると目を輝かせながらいっせいに唱和し、「かぐや」の旅立ちを見送りました。私はその時まで、解説席にて種子島宇宙センターからの中継を固唾《かたず》をのんで見守り、カウントダウンを聞きながら「かぐや」に関わった過去八年と、お世話になった数多くの皆様の姿を振り返っていました。未来を担う子供たちと、宇宙開発の未来を切り拓く「かぐや」が重なって見えて、とても感慨深いものでした。

私が火星の衝突クレーターをテーマに学位を取った後の最初の職は、「かぐや」のカメラ開発に関わる旧宇宙開発事業団の特別研究員でした。長島隆一・滝澤悦貞氏の二代のかぐやプロジェクトマネージャ、加藤學サイエンスマネージャ、そして月撮像分光機器（LISM）の三責任者と今回共同執筆した皆さんを含むたくさんの同僚や諸先輩方にお世話になりつつ、カメラ開発や地上データ処理系整備を手伝いました。それを通じて何より勉強になったのは、その時までは単なる地形学的興味でしか見ていなかった、月の科学についてです。月と地球の起源が密接に関わっていることは、知識としては知っていました。しかし、関係者とのサイエンスの議論を通じて、知れば知るほど物理的にも化学的にも、そして地質学的にも非常に大きなたくさんの謎が横たわっていること、二〇〇人を超えるプロジェクトメンバーがそれを解きほぐすべく努力していること、そして「かぐや」が世界中から注目されている大型月探査計画であることを知りました。その後、公立大学法人会津大学に異動し、学生を教育しながらかぐやプロジェクト共同研究員としてデータ解析に携わる立場となりましたが、本書で取り上げた月の謎を解く一端を担えればと、現在進行形で解析に取り組んでいるところです。こうしたやりがいのある仕事にめぐりあえたことを幸運に思い、アポロ計画が刺激となって日本でも月探査をやろうと奮闘した先人たちの努力があってはじめていまがあることに、深く感謝しています。

「かぐや」はまだまだ月を回り、さらに驚くべき詳細なデータを提示してくれるでしょう。本書の内容や、掲載されている図版すらすぐに古くなってしまうくらいに、たくさんの成果も挙がることと思います。しかし、「かぐや」のもたらすデジタルデータ量はこれまでの月・惑星探査の常識を超える膨大なものであり、きちんと処理するにはそれなりの年月がかかってしまうでしょう。米国クレメンタインミッションでは、月の画像の張り合わせだけで一〇人のチームを組み、二年半をかけて基本図を作成したそうです。データを整理するだけでなく、そこから地質学的な知見や月の起源と進化を絞り込む条件を抜き出すには、多数の英知と努力も必要で、それはこれからも長く続くことになるでしょう。「かぐや」の最新情報は以下のウエブサイトで公開されているので、御興味ある方は是非訪れて、少しずつ月を研究していく現場の様子をリアルタイムで体感していただければと思います。その時、本書の内容が読者の基礎知識となって、いろいろ楽しめるようであれば、著者らはたいへん幸せです。

かぐや公式サイト　http://www.kaguya.jaxa.jp/
かぐやギャラリー　http://wms.selene.jaxa.jp/
かぐやハイビジョン動画配信　http://www.jaxa.jp/video/index_j.html
http://www3.nhk.or.jp/kaguya/archive/index.html

「月の科学」という書名は、NHKブックスで世界初の有人月着陸の前後に発行されている二冊をはじめ、アポロまでの知見をまとめた専門書にもありますし、ほかにも先人たちの素晴らしい書籍が多数あります。そのため、非常に気恥ずかしく思いましたが、こうしてまとまってみると、この書名は必然でした。アポロ後の月の理解の進歩を反映しつつ、一般読者向けに月の科学の全体像を整理説明する書籍は、寡聞《かぶん》にしてまだ知りません。最近はウエブページでプロジェクトの狙いや成果を詳しく説明することが主流となってきていますが、書籍として一般の方に「かぐや」以前と以後とでどれだけ世界が変わるかをアピールすることができたなら、プロジェクトの一員として喜ばしい限りです。

本書で触れられている月の理学的な知見は、日本惑星科学会誌『遊星人』の記事、同学会有志や宇宙科学研究所などで継続的に行なわれてきた月の起源研究会とその集録、惑星地質研究会の季刊誌『惑星地質ニュース』、JAXAかぐやプロジェクトおよびLISMに関わるワークショップや会議などでの議論を踏まえて、私なりにまとめたものです。したがって、本書の内容に誤りが含まれていれば、それはすべて私の責任であり、私の不明をお詫びしたいと思います。

なお、「かぐや」でいまも更新されつつある地形やテクトニクス・地質活動とその年代の議論は、まさに現在進行中であるため、本書ではあまり取り上げませんでした。今後の成果の報告をまっていただきたいと思います。

本書は、一般読者向けにその都度出典を示すことはしませんでした。しかし、もっとやさしい一問一答の書籍を希望される読者もいれば、より詳しく知りたいという読者もいるかと思うので、本書執筆時に参考にした資料のうち、二〇〇八年五月現在入手可能な書籍を以下に紹介します。

かぐやおよびそのハイビジョン動画に関する書籍

・DVDブック『かぐや月に挑む』NHK「かぐや」プロジェクト編、日本放送出版協会（二〇〇八）
・『月の科学――「かぐや」が拓く月探査』青木満著、ベレ出版（二〇〇八）
・DVDブック『月への招待状』村沢譲著、インプレスジャパン（二〇〇七）

月の一般向けの基礎知識書籍

・『月のきほん』白尾元理著、誠文堂新光社（二〇〇六）
・『空と月と暦――天文学の身近な話題』米山忠興著、丸善（二〇〇六）

月についての専門書（ほとんどが該当する章や節で部分的に取りあげられている）

・『惑星地質学』宮本英昭・橘省吾・平田成・杉田精司編、東京大学出版会（二〇〇八）
・『太陽系と惑星（シリーズ現代の天文学9）』渡部潤一・井田茂・佐々木晶編、日本評論社（二〇〇八）
・『月のすべて（図説われらの太陽系5）』新装版、P・ムーア、G・ハント、I・ニコルソン、P・カッターモール著、柳澤正久訳、朝倉書店（二〇〇四）
・『年代測定概論』兼岡一郎著、東京大学出版会（一九九八）
・『発達史地形学』貝塚爽平著、東京大学出版会（一九九八）

続いて、月についての専門書やアポロ写真集のうち、絶版ですが図書館などで探して読むべき価値のある和書、とくにアポロまでの月科学の成果がよくまとまっているものを挙げます。

・『フル・ムーン』新装版、M・ライト著、檜垣嗣子訳、新潮社（二〇〇二）
・『月の科学——月探査の歴史とその将来』P・D・スピューディス著、水谷仁訳、シュプリンガー・フェアラーク東京（二〇〇〇）
・『月の科学』久城育夫・武田弘・水谷仁編、岩波書店（一九八四）
・『クレーターの科学（UPアース・サイエンス4）』水谷仁著、東京大学出版会（一九八〇）
・『失われた原始惑星——太陽系形成期のドラマ』武田弘著、中公新書（一九九一）

最後になりましたが、本書に対してJAXA協力という御配慮をいただいた滝澤悦貞かぐやプロジェクトマネージャ、カラー口絵にあるような美麗な図版の使用についてご尽力いただいたかぐやプロジェクトの祖父江真一氏、研究者の立場から貴重なアドバイスをいただいた千葉工業大学の武田弘先生、惑星地質研究会の白尾元理先生、ほか皆さま、お忙しいなかご協力をいただき心から感謝しております。そして、かぐやプロジェクトに関わるすべての技術者、研究者のみなさまにも御礼申し上げます。みなさまの努力があったからこそ、現在、もたらされつつある膨大なデータで月の科学を大きく前進させることが可能になったのです。
また、会津出身という縁で、会津大学のかぐやプロジェクト月撮像分光機器（ＬＩＳＭ）チーム三人に共同執筆の機会を与えて下さいました、国立天文台の渡部潤一先生、本当にありがとうございます。あらためて月の科学を復習することができ、たいへん勉強になりました。そして、ＮＨＫ出版の向坂好生編集長、各務早智子さま、筆が遅れがちな私たちを辛抱強く待っていただいただけでなく、一般読者向けに内容を練り直す際のきめ細かいコメントをいただけたことで、こうした書籍執筆に不慣れな私を強く支えて下さいました。あらためて深く謝意を表します。

二〇〇八年五月

執筆者を代表して

出村裕英

出村裕英（でむら・ひろひで）

1970年東京都生まれ。東京大学大学院理学系研究科修了、宇宙開発事業団宇宙開発特別研究員（PD）を経て、現在、公立大学法人会津大学コンピュータ理工学部准教授。博士（理学）。専門は、月惑星地形学、情報地質学・リモートセンシング。

寺薗淳也（てらぞの・じゅんや）

1967年東京都生まれ。名古屋大学理学部卒。東京大学大学院理学系研究科（博士課程）中退。宇宙開発事業団、宇宙航空研究開発機構、（財）日本宇宙フォーラムなどを経て、現在、公立大学法人会津大学情報センター助教。理学修士。専門は惑星科学、とくに月や火星など、固体の表面を持つ天体の地質学や地震学。1998年より、月・惑星の知識や探査計画を紹介するサイト「月探査情報ステーション」(http://moon.jaxa.jp) の編集長を努め、月・惑星探査に関する普及・啓発活動を続けている。個人サイトは、http://www.terakin.com。

平田　成（ひらた・なる）

1970年群馬県生まれ。筑波大学大学院博士課程地球科学研究科地質学専攻修了。宇宙開発事業団、宇宙科学研究所、神戸大学などを経て、現在、公立大学法人会津大学コンピュータ理工学部准教授。博士（理学）。専門は惑星科学。現在の主要な研究テーマは衝突クレーター地形と衝撃変成物とその画像解析である。主な編著書に『惑星地質学』(共同編著、東京大学出版会）がある。

〔執筆〕

はじめに　出村裕英
第一章　　渡部潤一
第二章　　出村裕英
第三章　　出村裕英
第四章　　出村裕英
第五章　　出村裕英
第六章　　平田　成
第七章　　寺薗淳也
おわりに　出村裕英

渡部潤一——わたなべ・じゅんいち

● 1960年、福島県生まれ。東京大学大学院理学部天文学科卒業。東京大学東京天文台を経て、現在、自然科学研究機構国立天文台天文情報センター長・同広報室長、准教授、総合研究大学院大学准教授。理学博士。流星、彗星など太陽系天体の研究の傍ら、最新の天文学の成果を講演、執筆などを通してやさしく伝えるなど、幅広く活躍している。

●主な著書に『新しい太陽系』(新潮新書)、『太陽系の果てを探る』(共著、東京大学出版会)、『星の地図館』(共著、小学館)、『しし座流星雨がやってくる』(誠文堂新光社)、『図説 新・天体カタログ』(立風書房)、子供向けに『みんなで見ようガリレオの宇宙』(共著、岩波ジュニア新書)など。

NHKブックス［1115］

最新・月の科学　残された謎を解く

2008(平成20)年6月25日　第1刷発行

編著者　渡部潤一

発行者　大橋晴夫

発行所　日本放送出版協会

東京都渋谷区宇田川町41-1　郵便番号　150-8081

電話　03-3780-3317(編集)　0570-000-321(販売)

ホームページ　http://www.nhk-book.co.jp

携帯電話サイト　http://www.nhk-book-k.jp

振替 00110-1-49701

［印刷］光邦／近代美術　［製本］三森製本所　［装幀］倉田明典

落丁本・乱丁本はお取り替えいたします。

定価はカバーに表示してあります。

ISBN978-4-14-091115-0 C1344

NHKブックス 時代の半歩先を読む

*自然科学(I)

地球の科学―大陸は移動する― 竹内 均/上田誠也
新版 水の科学 北野 康
川の健康診断―清冽な流れを求めて― 森下郁子
地震の前、なぜ動物は騒ぐのか―電磁気地震学の誕生― 池谷元伺
生命と地球の共進化 川上紳一
生態系を蘇らせる 鷲谷いづみ
京都議定書と地球の再生 松橋隆治
異形の惑星―系外惑星形成理論から― 井田 茂
生命の星・エウロパ 長沼 毅
確率的発想法―数学を日常に活かす― 小島寛之
算数の発想―人間関係から宇宙の謎まで― 小島寛之
スロー地震とは何か―巨大地震予知の可能性を探る― 川崎一朗

*自然科学(II)

ITSの思想―持続可能なモビリティ社会を目指して― 清水和大
資源物理学入門 槌田 敦
ウェアラブル・コンピュータとは何か 板生 清
相対性理論の矛盾を解く 原田 稔
物質をめぐる冒険―万有引力からホーキングまで― 竹内 薫

※在庫品切れの際はご容赦下さい。

NHKブックス 時代の半歩先を読む

＊自然科学（Ⅲ）

生命科学と人間　中村桂子
ミトコンドリアはどこからきたか―生命40億年を遡る―　黒岩常祥
日本人になった祖先たち―DNAから解明するその多元的構造―　篠田謙一
女の脳・男の脳　田中冨久子
心を生みだす脳のシステム―「私」というミステリー―　茂木健一郎
脳内現象―〈私〉はいかに創られるか―　茂木健一郎
快楽の脳科学―「いい気持ち」はどこから生まれるか―　廣中直行
うぬぼれる脳―「鏡のなかの顔」と自己意識―　ジュリアン・ポール・キーナン／ゴードン・ギャラップ・ジュニア／ディーン・フォーク
遺伝子の夢―死の意味を問う生物学―　田沼靖一
セルフ・コントロールの医学　池見酉次郎
ストレス危機の予防医学―ライフスタイルの視点から―　森本兼曩
「気」とは何か―人体が発するエネルギー―　湯浅泰雄
アニマル・セラピーとは何か　横山章光
脳が言葉を取り戻すとき―失語症のカルテから―　佐野洋子／加藤正弘
プリオン病の謎に迫る　山内一也
免疫・「自己」と「非自己」の科学　多田富雄
高血圧を知る―よく生きるための知恵と選択―　道場信孝
昏睡状態の人と対話する―プロセス指向心理学の新たな試み―　アーノルド・ミンデル
新しい医療とは何か　永田勝太郎
〈死にざま〉の医学　永田勝太郎
がんとこころのケア　明智龍男
遺伝医療とこころのケア―臨床心理士として―　玉井真理子
交流する身体―〈ケア〉を捉えなおす―　西村ユミ
内臓感覚―脳と腸の不思議な関係―　福土　審
泳ぐことの科学　吉村　豊／小菅達男
植物と人間―生物社会のバランス―　宮脇　昭
植物のたどってきた道　西田治文
フグはなぜ毒をもつのか―海洋生物の不思議―　野口玉雄
深海生物学への招待　長沼　毅
鳥たちの旅―渡り鳥の衛星追跡―　樋口広芳
恐竜ホネホネ学　犬塚則久
カイアシ類・水平進化という戦略―海洋生態系を支える微小生物の世界―　大塚　攻
カメのきた道―甲羅に秘められた2億年の生命進化―　平山　廉
暴力はどこからきたか―人間性の起源を探る―　山極寿一
ホモ・フロレシエンシス―1万2000年前に消えた人類―（上）（下）　マイク・モーウッド／ペニー・ヴァン・オオステルチィ

※在庫品切れの際はご容赦下さい。

NHKブックス 時代の半歩先を読む

＊文学・古典・言語・芸術

現代児童文学の語るもの　宮川健郎
〈ゆらぎ〉の日本文学　小森陽一
西行の風景　桑子敏雄
〈声〉の国民国家・日本　兵藤裕己
古事記―天皇の世界の物語―　神野志隆光
古事記への旅　荻原浅男
万葉集―時代と作品―　木俣　修
万葉歌を解読する　佐佐木　隆
源氏物語と東アジア世界　河添房江
日本語の特質　金田一春彦
言語を生みだす本能(上)(下)　スティーブン・ピンカー
レトリックと認識　野内良三
二重言語国家・日本　石川九楊
小説入門のための高校入試国語　石原千秋
評論入門のための高校入試国語　石原千秋
日本語は進化する―情意表現から論理表現へ―　加賀野井秀一
漢文脈と近代日本―もう一つのことばの世界―　齋藤希史
文章をみがく　中村　明
論文の教室―レポートから卒論まで―　戸田山和久
コミュニケーション力をみがく―日本語表現の戦略―　森山卓郎
日本語の将来―ローマ字表記で国際化を―　梅棹忠夫
〈不良〉のための文章術―書いてお金を稼ぐには―　永江　朗
〈性〉と日本語―ことばがつくる女と男―　中村桃子
ドストエフスキイ―その生涯と作品―　埴谷雄高
ドストエフスキー　父殺しの文学(上)(下)　亀山郁夫
意味の世界―現代言語学から視る―　池上嘉彦
英語の感覚・日本語の感覚―〈ことばの意味〉のしくみ―　池上嘉彦
英語の発想・日本語の発想　外山滋比古
英文法の仕組みを解く　鈴木寛次
英語力を鍛える　鈴木寛次
英語の味わい方　斎藤兆史
英文法の論理　斎藤兆史
なぜ子どもに英語なのか―バイリンガルのすすめ―　唐須教光
英文法をこわす―感覚による再構築―　大西泰斗
『くまのプーさん』を英語で読み直す　ドミニク・チータム
絵画を読む―イコノロジー入門―　若桑みどり
バロック音楽―豊かなる生のドラマ―　礒山　雅
絵画を見るということ―私の美術手帖から―　山岸　健
フェルメールの世界―17世紀オランダ風俗画家の軌跡―　小林頼子
油絵を解剖する―修復から見た日本洋画史―　歌田眞介
子供とカップルの美術史―中世から18世紀へ―　森　洋子
絵画の二十世紀―マチスからジャコメッティまで―　前田英樹
映像論―〈光の世紀〉から〈記憶の世紀〉へ―　港　千尋
形の美とは何か　三井秀樹
パトロンたちのルネサンス―フィレンツェ美術の舞台裏―　松本典昭
青花の道―中国陶磁器が語る東西交流―　弓場紀知
刺青とヌードの美術史―江戸から近代へ―　宮下規久朗

※在庫品切れの際はご容赦下さい。